基于核酸适体的生物传感器设计及应用

姜利英　著

科学出版社

北　京

内 容 简 介

生物传感器由于其选择性高、分析速度快、操作简单和仪器价格低廉等特点，在分析领域有着越来越广泛的应用。基于核酸适体的传感器是将核酸适体与靶目标特异性结合前后产生的电/光信号的变化转换为标准电信号。本书详细介绍了生物传感器的分类与应用，并以作者实验室的成果为主线，论述了基于核酸适体的电化学传感器、荧光传感器、荧光增强型传感器等不同种类传感器的原理、制备方法和检测性能，为适体传感器的实际应用提供了研究基础。

本书主要读者对象为电子信息、生物医学、环境监测、食品及医药检测、材料科学应用等领域的大学生、研究生和技术人员。

图书在版编目(CIP)数据

基于核酸适体的生物传感器设计及应用/姜利英著. —北京：科学出版社，2020.11

ISBN 978-7-03-066820-2

Ⅰ. ①基…　Ⅱ. ①姜…　Ⅲ. ①生物传感器-研究　Ⅳ. ①TP212.3

中国版本图书馆 CIP 数据核字(2020)第 221194 号

责任编辑：陈艳峰　田轶静／责任校对：彭珍珍
责任印制：吴兆东／封面设计：无极书装

科学出版社 出版
北京东黄城根北街 16 号
邮政编码：100717
http://www.sciencep.com
北京建宏印刷有限公司 印刷
科学出版社发行　各地新华书店经销
*
2020 年 11 月第 一 版　开本：720 × 1000　1/16
2022 年 1 月第三次印刷　印张：11
字数：220 000

定价：98.00 元

(如有印装质量问题，我社负责调换)

前　言

生物传感器是一个典型的多学科交叉产物，它是一门由生物、化学、物理、电子技术等多种学科相互交叉渗透成长起来的新学科，在生物医学、环境监测、食品、医药及军事医学等领域有着重要的应用价值。

生物传感器的结构一般有两个主要组成部分：生物分子识别元件和信号转换器。生物传感器以生物活性单元作为生物分子识别元件，通过各种物理、化学信号转换器检测被测物与生物分子识别元件之间的反应，然后将反应的程度用离散或连续的电信号表达出来，从而得出被测物的浓度。核酸适体作为典型的生物分子识别元件，其本质是一段寡聚核苷酸，能够特异性结合蛋白质或其他小分子物质，自 1990 年首次被报道以来，凭借其与抗体相比的众多优点吸引了研究人员的广泛关注，具有低成本、高稳定性、易修饰、易合成、可重复利用等优点。利用核酸适体与靶物质的高效特异性所研制的传感器称为适体传感器，根据信号转换器的不同可分为电化学适体传感器和光学适体传感器。

本书共 9 章。第 1 章为绪论，包含生物传感器的概念、种类、应用等，以及基于核酸适体的各种生物传感器的基本原理。第 2 章为基于薄膜金电极的三磷酸腺苷电化学适体传感器，从传感器的制备、优化、应用等出发对传感器的各项检测性能进行了分析。第 3 和 4 章为基于血糖仪的电化学适体传感器，利用酶/金复合材料的协同信号放大技术，构建了基于血糖仪的竞争型和夹心型电化学核酸适体传感器，通过置换核酸适体种类，实现了多种非糖生物小分子的浓度检测。第 5 章为基于氧化石墨烯的荧光共振适体传感器研究，本章基于荧光共振能量转移原理和核酸适体强亲和、高选择识别特性，设计开发了绿色健康的荧光适体传感器。第 6 章为基于纳米金和碳量子点的无标记荧光适体传感器，避免了荧光标记的复杂处理过程，利用无标记的方式实现高效快速检测的新型荧光适体传感器，制备过程更为简单便捷。第 7 章是基于夹心型结构的荧光适体传感器，与第 4 章方法类似，不同之处是信号转换元件不同，检测信号为荧光信号。第 8 和 9 章是基于金属增强荧光效应的传感器，其中：第 8 章为综述，包含金属增强荧光效应的基本原理、分类以及其在生物传感器中的各种应用；第 9 章为一种基于二氧化硅壳的荧光增强型适体传感器的制备、优化和检测性能分析。

本书编写过程中涉及的研究成果得到国家自然科学基金青年项目 (61002007、

61801436)，河南省科技创新杰出人才项目 (184200510015)，河南省高校科技创新团队项目 (20IRTSTHN017),河南省科技攻关项目 (172102310448、202102210186)，河南省高等学校重点科研项目 (18A510021)，河南省生物分子识别与传感重点实验室开放课题 (HKLBRSK1801) 等的支持。感谢课题组任林娇老师对第 6 章和第 8 章内容的撰写。感谢闫艳霞、赵素娜、张培、秦自瑞等老师和王芬芬、胡杰、岳保磊、周鹏磊、肖小楠、刘帅、魏星等研究生对本书的贡献。

由于时间仓促、水平有限，书中的疏漏、不妥之处在所难免，敬请广大读者和同行们批评指正。

姜利英
郑州轻工业大学
2020 年 9 月

目　录

第 1 章　绪　　论

1.1　生物传感器概述

1.1.1　生物传感器的定义及分类

1.1.1.1　生物传感器的定义

生物体系中存在着各种各样的物质，它们影响着生物体系的各项功能活动，对这些物质进行快速准确的分析一直是分析科学所追求的目标。临床诊断、发酵工业等应用领域也迫切需要建立各种快速的分析方法。传统分析方法是以化学法为主，常常需要一系列繁琐的操作过程，分析周期长，而且选择性差、灵敏度低、准确度差。随着多学科交叉领域研究的发展，一种新的分析生物学技术——生物传感器诞生了 [1]。

生物传感器是一个典型的多学科交叉产物，它是一门由生物、化学、物理、电子技术等多种学科相互交叉渗透成长起来的新学科，能够对所需要检测的物质进行快速分析和追踪，是目前一个非常活跃的研究领域，在生物医学、环境监测、食品、医药及军事医学等领域有着重要的应用价值。生物传感器具有选择性高、分析速度快、操作简单和仪器价格低廉等特点，且可以进行在线甚至活体的分析，因而引起各国科研工作者的极大关注 [2]。

生物传感器的出现，是科学家的兴趣和科学技术发展及社会发展需求多方面驱动的结果，经过 30 多年的发展，已经成为一个涉及内容广泛、多学科介入和交叉、充满创新活力的领域。近年来，随着生命科学的迅速发展，快速地检测与鉴定生命物质，研究生命体系中的生化反应，进而对生命体的代谢过程进行检测是十分重要的，这使得人们对生物传感器的研究越来越重视。

生物传感器的结构一般有两个主要组成部分：生物分子识别元件和信号转换器。生物传感器以生物活性单元作为生物分子识别元件，通过各种物理、化学型信号转换器检测被测物与生物分子识别元件之间的反应，然后将反应的程度用离散或连续的电信号表达出来，从而得出被测物的浓度 [3]。

生物传感器的反应原理如图 1.1.1 所示 [4]，被测物通过扩散进入生物敏感膜层，经分子识别，发生生化反应后，所产生的信息被相应的换能器转换成与被测物浓度相关的电信号。最后将可检测的信号在二次仪器上显示或存储起来 [5]。

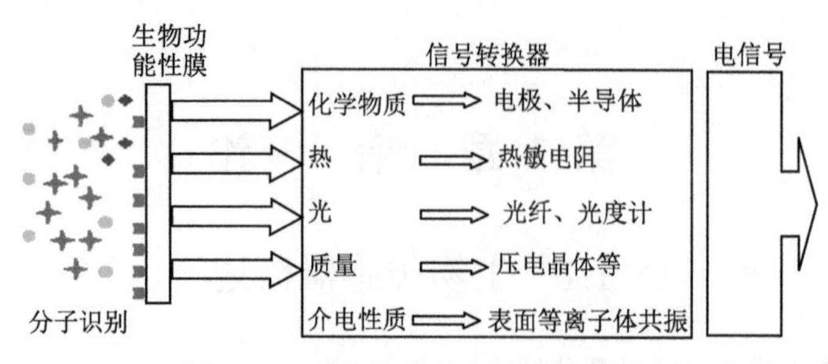

图 1.1.1　生物传感器反应原理示意图

生物分子识别元件又称生物敏感膜，它们是生物传感器的关键元件，直接决定生物传感器的功能和质量，如表 1.1.1[6]。依生物敏感膜所选材料不同，其组成可以看作是酶、核酸、免疫物质、全细胞、组织、细胞器或它们的不同组合，近年来还引入了高分子聚合物模拟酶，使分子识别元件的概念进一步延伸。

表 1.1.1　生物传感器的分子识别元件

分子识别元件	生物活性材料
酶	各种酶类
全细胞	细菌，真菌，动物、植物的细胞
组织	动物、植物的组织切片
细胞器	线粒体，叶绿体
免疫物质	抗体，抗原，酶标抗原等
具有生物亲和性能力的物质	配体，受体
核酸	寡聚核苷酸
模拟酶	高分子聚合物

换能器的作用是将各种生物的、化学的和物理的信息转变成电信号。生物学反应过程产生的信息是多元化的，微电子学和传感技术的现代化成果为检测这些信息提供了丰富的手段，使得研究者在设计生物传感器时对换能器的选择有足够的回旋余地。设计成功与否主要取决于设计方案的科学性和经济性，而这两者同时兼顾常常十分困难。可供作生物传感器的基础换能器如表 1.1.2[7]。

1.1.1.2　生物传感器的分类

生物传感器的类型和命名方法较多且不尽统一，主要有两种分类法，即分子识别元件和器件分类法 [8]。

根据分子识别元件的不同可以将生物传感器分为七大类，如图 1.1.2(a)，即酶传感器、免疫传感器、组织传感器、细胞传感器、核酸传感器、微生物传感器、分子印迹生物传感器。其中分子印迹识别元件属于生物衍生物。

表 1.1.2　生物学反应信息和换能器的选择

生物学反应信息	换能器选择
离子变化	离子选择性电极
电阻变化、电导变化	阻抗计，电导仪
质子变化	场效应晶体管
气体分压变化	气敏电极
热焓变化	热敏电阻，热电偶
光学变化	光纤，光敏管，荧光计
质量变化	压电晶体管
力学变化	微悬臂梁
振动频率变化	表面等离子体共振

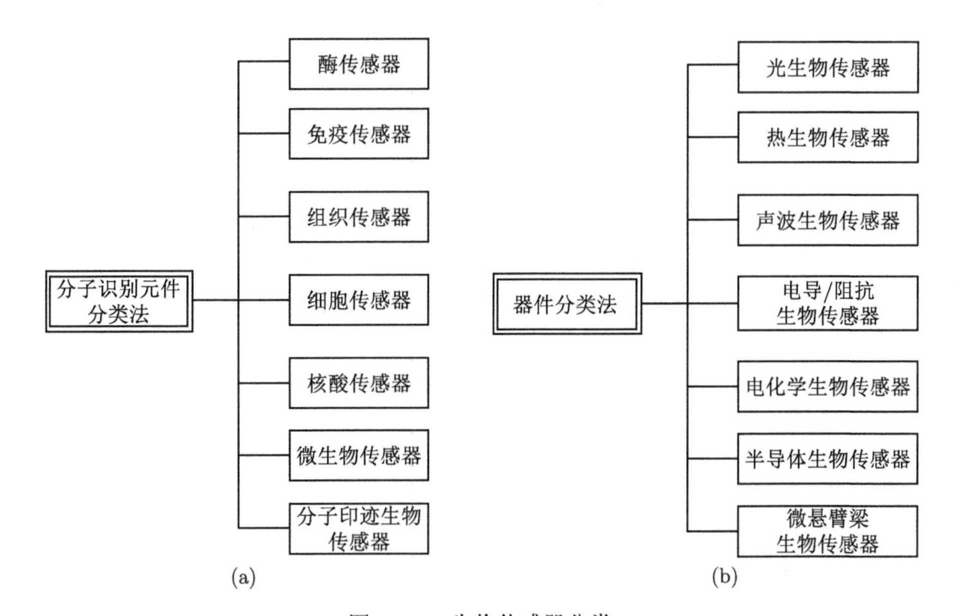

图 1.1.2　生物传感器分类

器件分类法是根据不同换能器对生物传感器进行分类的，如图 1.1.2(b)，主要包括电化学生物传感器或生物电极、光生物传感器、热生物传感器、半导体生物传感器、电导/阻抗生物传感器、声波生物传感器、微悬臂梁生物传感器 [9]。

电化学传感器是生物传感器的一种，即将生物分子元件与电化学信号转化器进行组合，其中生物分子元件起分子识别和选择催化的功能，而电化学敏感元件则负责对催化反应的生成物或反应物产生响应，转化为电学信号加以输出。因为电化学转换器具有较高的灵敏度，易微型化，能在浑浊的溶液中操作等多种优势，并且所需的仪器简单、便宜，因而被广泛应用于传感器的制备中。根据电化学检测的模式不同，又可具体分为电流型、电势型、表面电荷场致效应晶体管型和电导型电化学生物传感器 [10]。我们的工作主要集中在电流型电化学生物传感器的研究上。

1.1.2 生物传感器的应用及发展趋势

1.1.2.1 生物传感器的应用

生物传感器门类众多，涉及学科领域广，技术先进、优点突出，所以有广泛的实际应用领域和潜在的应用前景 [11]。近年来生物传感器在发酵工业和食品工业、环境监测、生物医学等方面得到了广泛的应用。生物传感器专一性好、灵敏度高、测量快速准确、适用范围广、设备简单、易操作。在功能方面，生物传感器已经发展到活体 (*in vivo*) 测定 [12]、多指标测定和联机在线测定，其检测对象包括近百种常见的生物化学物质。随着固定化技术的发展以及化学、生物、物理、电极技术等学科的发展，生物传感器将会在分析领域有着越来越广泛的应用。

1) 生物传感器在发酵工业和食品工业中的应用

微生物传感器可用于测量发酵工业中的原材料和代谢产物。利用这种电化学微生物传感器可以实现菌体浓度连续、在线的测定。各种生物传感器中的微生物传感器具有成本低、设备简单、不受发酵液混浊程度的限制、能消除发酵过程中其他物质的干扰等特点。因此发酵工业中广泛采用微生物传感器作为一种有效的测量工具。在制药工业中也常用到生物传感器。

生物传感器在食品分析中的应用包括食品成分、食品添加剂、有害毒物及食品鲜度等的测定分析。目前已开发的酶电极型生物传感器可用来分析食品成分的葡萄糖等成分。采用亚硫酸盐氧化酶为敏感材料制成的电流型二氧化硫酶电极可用于测定食品中的亚硫酸盐含量。

2) 生物传感器在生物医学方面的应用

生物传感器在生物医学领域中发挥着越来越大的作用。生物传感技术因其专一、灵敏、响应快等特点，为基础医学研究及临床诊断提供了一种快速简便的新型方法。在临床医学中，酶电极是最早研制且应用最多的一种传感器。利用具有不同生物特性的微生物代替酶，可制成各种微生物传感器，这种传感器已经在监测多种细菌、病菌及其毒素等方面得到应用。研制的各种免疫球蛋白 (除 IgG 外) 传感器已能进行多种免疫反应检测。

3) 在环境保护中的应用

生物传感器能对污染物进行连续、快速、在线监测，在环境检测方面已经得到了广泛应用。Marty 等 [13] 将亚细胞类脂类——含亚硫酸盐氧化酶的肝微粒体固定在醋酸纤维膜上和氧电极制成电流型生物传感器，可对酸雨酸雾样品溶液进行检测。生物传感器在研究土壤养分及污染对农作物的影响，以及研究植物不同生长时期对营养成分的需求等方面也有应用。

1.1.2.2　生物传感器的发展趋势

由于生物传感器具有以下特点 [14]：

(1) 多样性。根据生物反应的特异性和多样性，理论上可以制成测定所有生物物质的酶传感器。

(2) 无试剂分析。除了缓冲液以外，大多数酶传感器不需要添加其他分析试剂。

(3) 操作简便，快速、准确，易于联机。

(4) 可以重复、连续使用，也可以一次性使用。

因此，作为传感技术领域一个非常活跃的研究前沿，近十多年来，随着各种新原理、新技术的发展和出现，生物传感器的发展呈现出商品化、微型化、集成化、智能化等许多新特点。

(1) 商品化、实用化。

在各种应用领域广阔市场前景的推动下，实用化、商品化的生物传感器与系统越来越多。

(2) 微型化、集成化和多功能化。

微型化是生物传感器的一个重要发展趋势。各种新型加工材料和先进制造技术的出现给当前生物传感器的发展带来了巨大的推动力。微电子机械技术和纳米技术不断渗入传感技术领域，微型化、集成化和多功能化的生物传感器进入全面深入研究开发时期。

(3) 智能化。

随着计算机技术的广泛应用，一种与计算机技术相结合的、具有信息检测、信号处理、信息记忆、逻辑思维与判断功能的智能化生化传感系统开始出现。

(4) 芯片化。

自从 20 世纪 80 年代末人类基因组计划实施以来，以芯片化为结构特征，以系统集成为最终目标的各种新型的生化微系统 (包括微阵列基因芯片、微流体生物芯片等) 应运而生，把生物传感器的研究推进到一个前所未有的崭新阶段。

1.1.3　生物医学传感器

生物医学测量的目的是获取生物医学的有用信息，生物医学测量是各种生物医学仪器的基础。生物体是极其复杂的生命系统，采用工程技术方法获取生物医学信息通常采用适合生物医学测量的传感技术和检测技术来实现。

生物医学测量仪器从简单意义上看是代替医生的手和五官获取患者的各种信息。从广义上说，由于人体是复杂的自然系统，由神经系统、循环系统、运动系统等组成，它们之间保持着有机的联系，共同维持着生命活动，所以必须从控制和系统的理念对待生物医学测量仪器，生物医学才能不断发展前进。随着现代科学技术的迅速发展，生物医学测量仪器的种类愈来愈多，可以用仪器测量记录的指标也不断增加。生物医学测量仪器已经成为生物医学研究、诊断、治疗和自动监护等必不可少的工具。

对于大多数生物医学测量仪器来说，不管它多么复杂，一般都可以分解为三个主要部分：传感器 (多种电极)、放大器和测量电路、数据处理和显示装置，如图 1.1.3 所示 [15]。

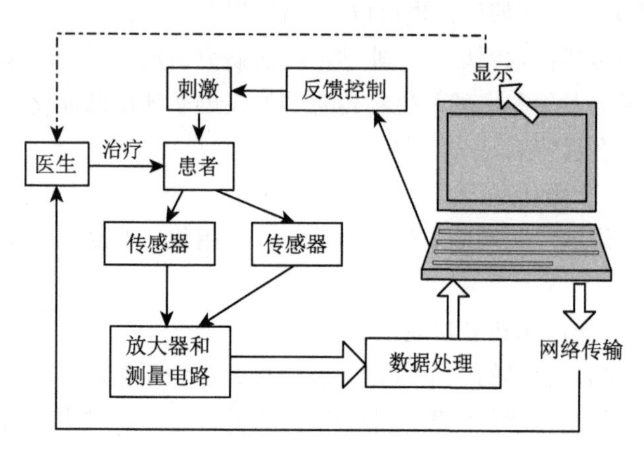

图 1.1.3　生物医学测量仪器组成部分示意图

在这三部分中，传感器的功能是把各种生理信息换成可供测量的电信号或其他可用信号，而电极的功能主要是把各种生物电信号转换成可供测量的电信号。可见，传感器是生物医学测量的前提。对于一项具体的生理指标来说，首先确定传感器，相应地也就确定了测量原理及组成方案。就参数的性质来说，生理参数可分为力、位移、速度、加速度、流体压力、流量、温度、时间、声、光、电、离子浓度等物理或化学量。传感器能否准确地转换这些量，对于整个测量仪器来说是十分关键的，所以研制者或使用者对此非常重视。

随着信息技术与生物工程技术的发展，生物传感器在医学领域中具有越来越旺盛的生命力和广阔的应用前景。其应用越来越广泛，可动态监测人体血压、体温、血液酸碱度、血氧含量；也可检测酶活性、蛋白质等生化指标；在基因检测、药物分析、环境污染物监测等方面的研究则更为活跃，生物传感器推动了现代医学已为世界所公认 [16]。医用传感器的发展将使复杂的医学临床检测过程大大简化，大大加快了物质成分、血液元素含量的分析，由于产量扩大，其成本也降低了；而随着医院诊断系统专家操作的仪器步入家庭保健和普通病人使用中，人民的生活水准得到了提高 [17]。

生物传感技术不仅为基础医学研究及临床诊断提供了一种快速简便的新型方法，而且因为其专一、灵敏、响应快等特点，在军事医学方面，也具有广阔的应用前景。

生物医学传感器是用来检测人体信息的，针对生物体信息特点，它应具备特殊的性质并满足特殊的要求。生物体是一个有机整体，各个系统和器官都有着各自的功能和特点，但又彼此依赖，互相制约。从体外或器官内所观察到的信息，既表现了被测系统和器官的特征，又含有其他系统和器官的影响，往往是多种物理量、化学量和生物量的综合。生物医学传感器的任务是从这种综合信息中提取出欲测的量，并把它变换为电信号，这时传感器将遇到种种制约和困难，例如，把心音传感器放在胸壁上测心音的情况就很复杂。胸壁上除有心音外还有呼吸产生的振动，躯体各部分活动产生振动以及体外传来的振动波引起的噪声等。因此生物医学传感器应具有以下特性 [18]：

(1) 较高的灵敏度和信噪比，以保证能检测出微小的有用信息。

(2) 良好的线性和快速响应，以保证信号变化后不失真并能使输出信号及时跟随输入信号的变化。

(3) 良好的稳定性和互换性，以保证输出信号受环境影响小而保持稳定。同类型传感器的性能要基本相同，在互相调换时不影响测量数据。

除具有上述特性外，还必须考虑到生物体的解剖结构和生理功能，尤其是安全性和可靠性更应特别重视。即：

(1) 传感器必须与生物体内的化学成分相容。要求它既不被腐蚀也不给生物体带来毒性。

(2) 传感器的形状、尺寸和结构应和被检测部位的结构相适应，使用时不应损伤组织，不给生理活动带来负担，也不应干扰正常生理功能。

(3) 传感器和人体要有足够的电绝缘，即使在传感器损坏情况下，人体受到的电压也必须低于安全值。

(4) 植入体内长期使用的传感器，不应对体内有不良的刺激。

(5) 在结构上便于消毒。

目前，数字显示温度计、听力热温度计、个人血糖计以及家庭血糖检测仪已被广泛使用。计算机断层扫描技术 (computed tomography，CT) 和超声技术已成为众所周知的先进诊断手段。传感器在生物医学诊断领域和医学仪器中的应用已经带来了革命性的变化，而且必将对 21 世纪人类的生活质量改善产生积极的影响。

生物医学传感器目前和未来的应用领域包括：

- 计算机化的医学图像工具，如 CT、超声等；
- 对于传统的图像设备 (如 X 光机) 的改进以获得更多的信息和减少热剂量；
- 便携式的多参数床边监护设备；
- 方便、容易使用的家庭监护和诊断的仪器设备；
- 广泛应用的植入式的、自校准的仪器；
- 基于传感器系统取代人的敏感机体，如代替人的视网膜、听力辅助、触觉、嗅觉和味觉敏感器等；
- 基于免疫和 DNA 芯片技术的快速诊断工具。

1.2 核酸适体传感器工作原理及分类

核酸适体是一段寡聚核苷酸，能够特异性结合蛋白质或其他小分子物质，自 1990 年首次被报道以来，凭借其与抗体相比的众多优点吸引了研究人员的广泛关注，具有低成本、高稳定性、易修饰、易合成、可重复利用等优点。由此，利用核酸适体与靶物质的高效特异性结合来代替免疫分析方法中的抗原–抗体的特异性结合，进而制备核酸适体传感器来检测靶物质具有重要的研究价值。

核酸适体传感器主要由分子识别元件和换能器组成，其传感原理如图 1.2.1

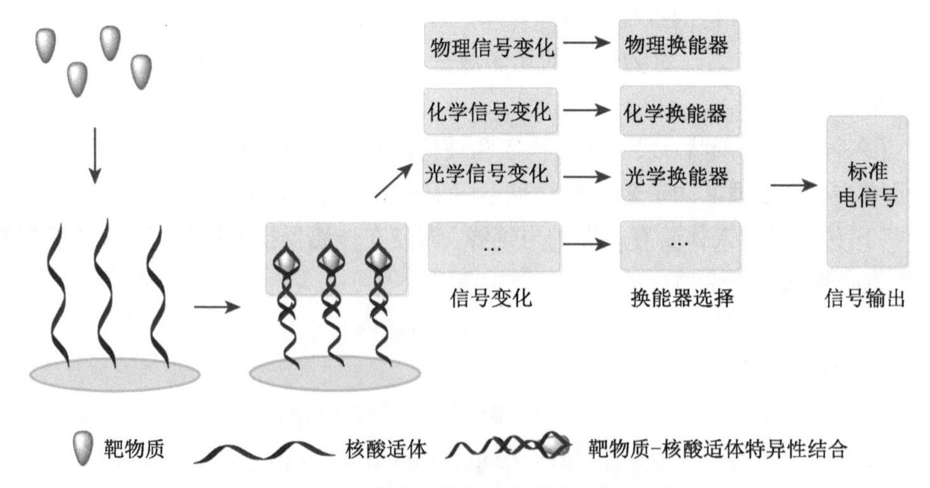

图 1.2.1 核酸适体传感器的原理示意图

所示。其中由核酸适体作为识别元件，靶目标被其核酸适体识别，发生高特异性和强亲和力结合，引起空间构象的变化，进而产生一系列物理、化学、光学等变化，相应的换能器将变化的信息转变成可定量和处理的标准电信号，再经过放大输出，就可检测待测物浓度。

根据换能器的不同，核酸适体传感器的类别主要分为：电化学适体传感器、荧光适体传感器、压电晶体适体传感器，如图 1.2.2 所示。

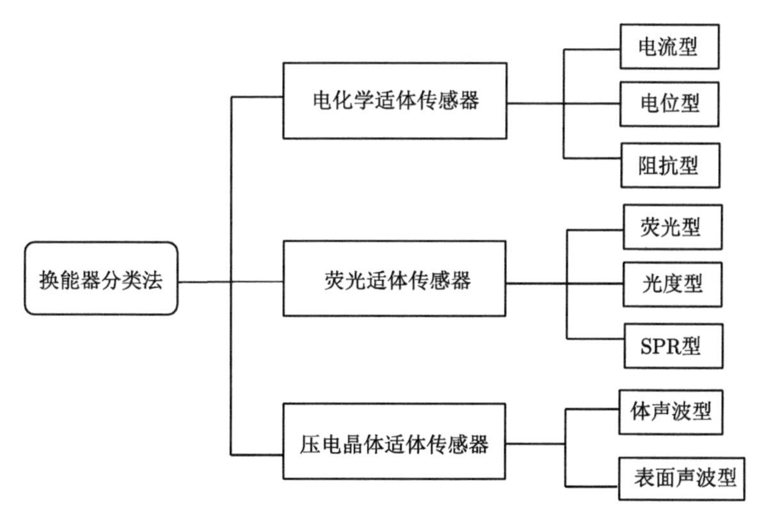

图 1.2.2　核酸适体传感器的分类

1.2.1　电化学适体传感器

电化学适体传感器使用电极将适体与靶目标特异性结合产生的电化学信号转换为标准电信号。常用的电极有玻碳电极、金属电极、气敏电极等。按照检测的电化学信号可分为电流型、电位型、阻抗型。

电化学传感器在生物医学中是一类最重要而又最基本的测量装置。电化学传感器能够检测那些在生物物质中作用的各种离子，并且能够测量溶解在生理溶液中各种气体 (氧气、二氧化碳等) 的含量，还能检测与人体生命攸关的各种气体 (一氧化碳等) 的含量。由于电化学传感器结构简单、取样少、测量迅速、灵敏度高，因此得到广泛应用。这类传感器的主要应用是：血、血清、血浆分析；尿酸碱性分析；汗水氯化物分析；研究唾液成分与牙齿衰变速度的关系；药理实验等。

随着半导体集成制造技术的迅速发展，传感器趋向微型化，能在体内和刺入细胞内进行测量，在与计算机相结合的情况下，又可使传感器智能化，并能自动连续测量；此外，电化学传感器的电极又是新型传感器 (如酶传感器、微生物传感器、生物芯片等) 的主要组成部分，所以电化学传感器在生物传感器中占有重要地位。

电化学传感器按最终检测方法，主要可以分为电流型 (最终检测内容为电流变化)、电位型 (检测电位变化) 和电导型 (检测电阻变化) 三种类型。电流型生物传感器是在恒电位下利用酶催化的氧化还原反应，将电子从反应中心快速转移到电极表面，通过检测电流的变化获取被测底物的浓度。目前的电流型传感器主要用于生物物质的分析，电流型酶生物传感器发展到今天已经经历了三代 [19]。本章所说的生物电化学检测中，基体电极主要是应用电流型电化学分析方法，对发生在电极表面的电极反应的响应电流进行测试。

1) 经典的电流型生物传感器

用酶的天然电子传递体——氧来沟通酶与电极之间的电子通道，直接检测酶与反应底物的减少或产物的生成的传感器，称为第一代生物传感器。早在 1962 年，Clark 和 Lyons[20] 就提出了葡萄糖生物传感器的原理。他们预示用一薄层葡萄糖氧化酶覆盖在氧电极表面，通过氧电极检测溶液中溶解氧的消耗量可以间接测定葡萄糖的含量。1967 年 Updike 和 Hicks[21] 根据此原理成功地制成了第一支葡萄糖生物传感器，从此以后，基于酶电极的电流型生物传感器的研究得到了迅速发展。经典的电流型葡萄糖生物传感器对葡萄糖响应的机理为：O_2 在葡萄糖氧化酶催化下氧化葡萄糖，生成 H_2O_2，反应方程式为

酶膜：

$$\mathrm{GOD(FAD)} + \text{葡萄糖} \longrightarrow \mathrm{GOD(FADH_2)} + \text{葡萄糖酸内酯} \tag{1.2.1}$$

$$\mathrm{GOD(FADH_2)} + \mathrm{O_2} \longrightarrow \mathrm{GOD(FAD)} + \mathrm{H_2O_2} \tag{1.2.2}$$

总反应式为

$$\text{葡萄糖} + \mathrm{O_2} \xrightarrow{\mathrm{GOD}} \text{葡萄糖酸内酯} + \mathrm{H_2O_2} \tag{1.2.3}$$

电极：

过氧化氢电极

$$\mathrm{H_2O_2} \longrightarrow 2\mathrm{H^+} + \mathrm{O_2} + 2\mathrm{e^-} \tag{1.2.4}$$

或氧电极

$$\mathrm{O_2} + 4\mathrm{H^+} + 4\mathrm{e^-} \longrightarrow 2\mathrm{H_2O} \tag{1.2.5}$$

在上面的反应式中，GOD(FAD) 是葡萄糖氧化酶的氧化态，$\mathrm{GOD(FADH_2)}$ 是葡萄糖氧化酶的还原态。由于葡萄糖还原氧化态的葡萄糖氧化酶 GOD(FAD)

后，产生的还原态葡萄糖氧化酶的氧化还原活性中心 ($FADH_2$) 在酶分子内部，受蛋白质的包围，不易直接与常规电极交换电子，因而也得不到可测量的电信号。基于上述反应原理可以通过测量溶液中溶解氧消耗量的变化和反应产物 H_2O_2 的产生量来获得葡萄糖溶液浓度的大小。图 1.2.3[22] 为基于氧电极的生物传感器原理示意图，但是这种检测对氧的依赖大，溶解氧的变化可能引起电极响应的波动，当溶解氧贫乏时，响应电流明显下降，其检测灵敏度也不太高，同时其响应性能也受溶液中 pH 值及温度的影响；图 1.2.4[22] 为基于过氧化氢电极的生物传感器示意图。这类传感器中过氧化氢在 +600mV 的电位下进行氧化还原反应，很容易受到血液中 (如尿酸、抗坏血酸等) 其他电活性物质的干扰。解决这一问题一种方法是采用各种选择性渗透膜去掉干扰物质；另一种方法就是采用化学修饰电极降低电位，如普鲁士蓝修饰电极等 [23]。

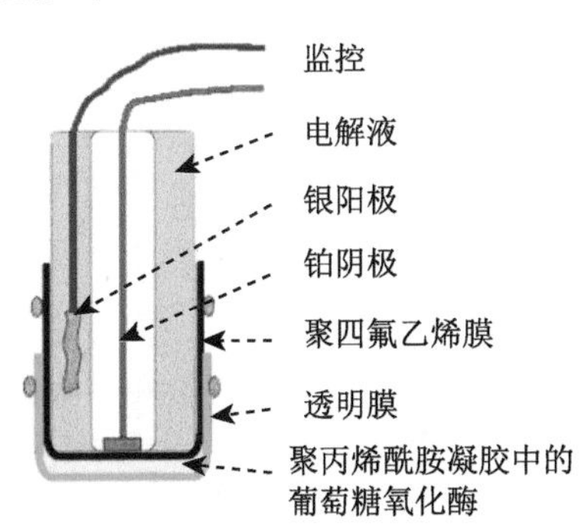

图 1.2.3 基于氧电极的生物传感器原理示意图

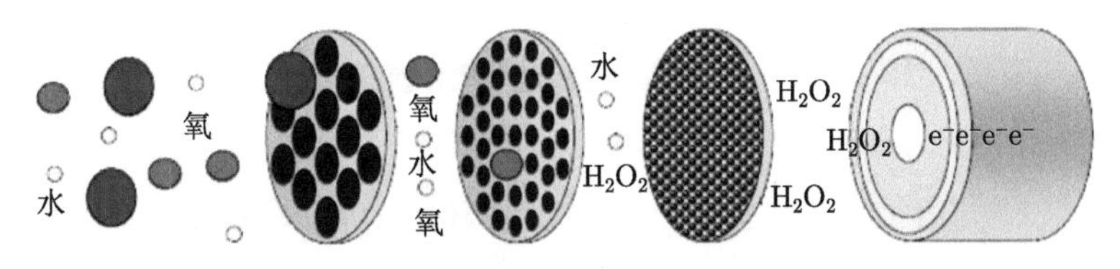

图 1.2.4 基于过氧化氢电极的生物传感器示意图

目前应用最广泛、最成熟的是基于电子媒介体的生物传感器，也就是所谓的第二代生物传感器。

2) 基于电子传递介体的电流型生物传感器

一般的酶都是生物大分子，其氧化还原活性中心被包埋在酶蛋白质分子里面，它与电极表面间的直接电子传递难以进行。即使直接电子传递能够进行，电子传递速率也很慢，这是因为分子 (氧化还原活性中心) 与电极表面间的电子传递速率随两者间距离的增加呈指数衰减 [24]。电子传递介体的引入克服了这一缺陷。

对于葡萄糖氧化酶修饰电极而言，电子传递介体 (mediator, Med) 的作用就是把还原态葡萄糖氧化酶 GOD($FADH_2$) 氧化，使之再生后循环使用，而 Med 本身被还原，还原态 Med 又在电极上被氧化，其响应原理为

$$\text{GOD(FAD)} + \text{葡萄糖} \longrightarrow \text{GOD(FADH}_2\text{)} + \text{葡萄糖酸内酯} \tag{1.2.6}$$

$$\text{GOD(FADH}_2\text{)} + 2\text{Med}_{\text{ox}} \longrightarrow \text{GOD(FAD)} + 2\text{Med}_{\text{red}} + 2\text{H}^+ \tag{1.2.7}$$

$$2\text{Med}_{\text{red}} - 2\text{e}^- \longrightarrow 2\text{Med}_{\text{ox}}(\text{在电极上}) \tag{1.2.8}$$

在上述反应式中，Med_{ox} 和 Med_{red} 分别为电子传递介体的氧化态和还原态。从上述原理可知，利用电子传递介体后，既不涉及 O_2 也不涉及 H_2O_2，而是利用具有较低氧化电位的 Med 在电极上产生的氧化电流对葡萄糖进行测定，从而避免了其他电活性物质的干扰，提高了测定的灵敏度和准确性，如图 1.2.5[25] 为基于媒介体的氧化还原催化的电子转移机理。

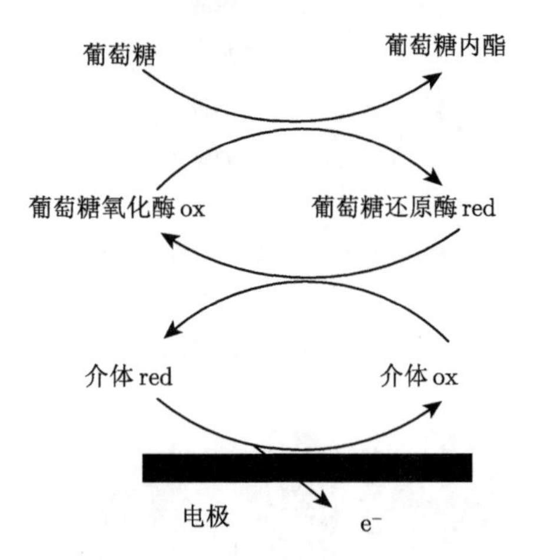

图 1.2.5 基于媒介体的氧化还原催化的电子转移机理

理想的电子交换媒介体反应具有以下特点：

(1) 能迅速与还原态酶反应；

(2) 过程的可逆程度较高；

(3) 有较低的氧化电位；

(4) 氧化态和还原态都较稳定；

(5) 对 O_2 反应呈惰性。

目前用于生物传感器研究的电子媒介体可分为小分子媒介体和高分子媒介体。小分子媒介体包括：二茂铁及其衍生物[26−28]、染料类 (如亚甲基绿[29]、麦

尔多拉蓝[30]、亚甲基蓝[31]、靛酚[32]等)、醌及其衍生物[33]、四硫富瓦烯及其衍生物[34]和导电有机盐[35]等。高分子媒介体主要包括变价过渡金属离子螯合物型(如锇的吡啶配合聚合物[36]等)。小分子媒介体如二茂铁、铁氰酸盐等易扩散进入溶液而流失，从而造成传感器稳定性差，高分子媒介体是将小分子媒介体插入或键合到高分子载体的链上，它的高分子链间的互相缠绕或交联可防止流失，但也有可能造成满的电子转移速率，使响应时间延长。不同的电子媒介体对不同的酶反应电催化的工作电位不同，响应的电流密度也不同。媒介体的存在形式有两种：一种是溶解在试样的溶液中，另一种是固定在生物敏感膜内。由于前者必须向试样中不断加入媒介体，这类传感器不利于商品化、实用化。而后者在测量时无须加入其他试剂，为活体检测提供了方便，因此已成为传感器研制的一种趋势[37,38]。

3) 基于直接电子传递的电流型生物传感器

尽管媒介体型第二代生物传感器有许多优点，人们仍在追求酶与电极间的直接电子转移，因为基于这种原理制备的传感器与氧或其他电子受体无关，无须引入外加媒介体，因此固定化相对简单，无外加毒性物质，是最理想的生物传感器。直接电子传递是前几年才取得成功的一种电子传递方式，它是酶在电极上的直接电催化，具有许多优良的特性。但由于生物酶分子的结构[39]，对于分子量较小的酶(如过氧化物酶)，酶与常规电极之间的直接电子传递较为困难。间接电子传递能够进行，但对于分子量较大的酶(如葡萄糖氧化酶)电子传递速度慢，这种直接电子传递很难发生，到目前为止只发现少数物质能在电极上直接电催化，而且还必须首先对电极的表面做一定的修饰处理，利用酶自身与电极间的直接电子转移来完成信号的转换的生物传感器被称为第三代生物传感器[40]，如图 1.2.6 所示。

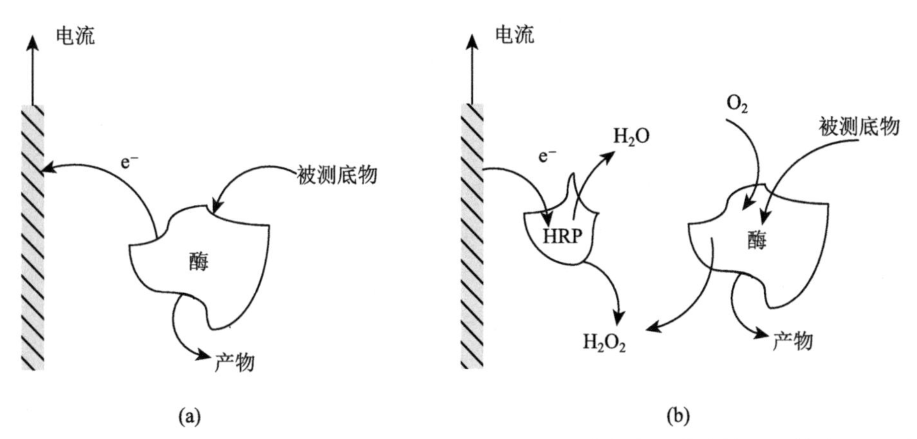

图 1.2.6 酶直接电子传递 (a) 在电极表面附近的酶分子和电极之间的直接电子转移；(b) 应用直接电子线化的辣根过氧化物酶 (HRP) 检测氧化酶对底物响应产生的 H_2O_2

迄今为止，报道较多的主要是过氧化氢酶传感器，以辣根过氧化物酶为例，其响应机理为

酶层：$HRP_{red} + H_2O_2 \longrightarrow HRP_{ox} + H_2O$ (1.2.9)

电极：$HRP_{ox} + e^- \longrightarrow HRP_{red}$ (1.2.10)

另一方面的进展是 Wang 等 [41] 利用有机溶剂中的水含量会显著影响酶活性的现象，发展了用电流型酶电极检测纯有机溶剂中水含量的方法。

总之，第三代生物传感器仍处于探索阶段，其发展到广泛应用阶段还有一段较长的路，因此目前比较实用的还是第二代生物传感器。

生物传感器自产生以后，得到了迅速发展，对于电流型生物传感器，酶氧化还原活性中心与电极之间的电子传递是该类生物传感器的研究重点之一。由于电子传递介体能高速、有效地传递电子，所以由此制成的生物传感器对底物响应速度快，检测灵敏度高。电子传递介体的使用使得工作电位对分析测定更为有利，提高了生物传感器抗干扰的能力。除此之外，如何将如酶等生物活性识别元件固定到电极上并确保最大的接触和响应则是生物传感器的最关键的技术。

1.2.2 荧光适体传感器

荧光适体传感器是将适体与靶目标特异性结合前后产生的荧光信号的变化转换为标准电信号。根据光学原理和检测的不同，荧光适体生物传感器主要分为荧光适体传感器、金属增强荧光适体传感器等。其中荧光适体传感器由于具有高效率和操作简单的优点，成为目前研究最为广泛的传感器之一。

1) 荧光适体传感器

主要基于核酸适体与靶目标作用后产生的荧光信号的变化 (荧光偏振、荧光强度等) 来检测目标分子。按照适体是否标记又可分为标记型荧光适体传感器和非标记型荧光适体传感器。

荧光是指一种光致发光的冷发光现象。某种常温物质经某种波长的入射光 (通常是紫外线或 X 射线) 照射，吸收光能后进入激发态，立即退激发并发出比入射光的波长长的出射光 (通常波长在可见光波段)；而且一旦入射光停止，发光现象也随之立即消失。具有这种性质的出射光就被称之为荧光。荧光产生的过程如图 1.2.7 所示，光照射到某些原子时，光的能量使原子核周围的一些电子由原来的轨道跃迁到了能量更高的轨道，即从基态跃迁到第一激发单线态或第二激发单线态等。第一激发单线态或第二激发单线态等是不稳定的，会恢复到基态，当电子由第一激发单线态恢复到基态时，能量会以光的形式释放，所以产生荧光。荧光在生化和医药领域有着广泛的应用。人们可以通过化学反应把具有荧光性的化

学基团粘到生物大分子上，然后通过观察示踪基团发出的荧光来灵敏地探测这些生物大分子。

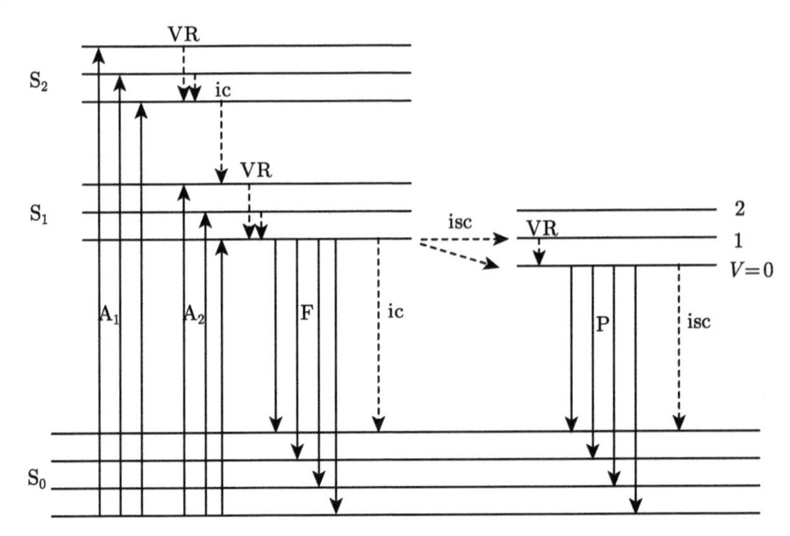

图 1.2.7 荧光产生的过程

A_1，A_2. 吸收；F. 荧光；P. 磷光；ic. 内转化；isc. 系间窜越；VR. 振动松弛

荧光分子的尺寸通常与单核苷酸的大小相当，荧光基团通过共价连接、静电力、疏水作用、非共价偶联等多种方式与核酸相互作用。荧光基团对核酸适体的结合能力干扰很小，可以通过引入这些作用力来研究核酸适体与目标物之间的结合。同时，由于荧光分子在吸光系数、量子产率、激发/发射波长、荧光寿命、荧光各向异性及能量共振转移等方面具有诸多特性，因此能够充分利用上述荧光基团的特性来设计的核酸适体传感器称之为荧光适体传感器。

荧光适体生物传感器主要是用荧光基团标记核酸适体，基于目标分子和核酸适体作用后产生的荧光偏振或者荧光强度的改变来检测目标分子；或者将荧光基团和猝灭基团同时标记在核酸适体上，在体系中引入目标分子后，根据荧光信号的变化来实现对待测物的定量分析。

2) 金属增强荧光适体传感器

金属增强荧光 (metal enhanced fluorescence, MEF) 现象的研究始于 20 世纪 70 年代，是指分布于金属表面、岛状粒子或溶胶粒子附近荧光团的荧光发射强度较之自由态荧光发射强度大大增加的现象。美国马里兰大学教授 Lakowicz[42] 研究认为，金属诱导荧光增强或者猝灭与金属纳米结构和荧光基团之间的距离密切相关。当金属结构与荧光基团之间的距离在 $5 \sim 100$nm 时，金属表面等离子体共振使得荧光材料的本征辐射衰减率增加，荧光强度增强。近来，随着各种纳米材料的应用与表面等离子体技术的发展，越来越多的研究者利用金属纳米粒子的局域表面等离子体增强效应来提高荧光材料的荧光转换效率 [43]，用于生物小分子检测 [44,45]、生物成像 [46]、有机光电器件 [47] 等诸多研究领域。

金属增强荧光是一种新兴的技术，主要是指在金属纳米粒子表面附近的荧光基团的荧光强度比荧光基团自由态的荧光强度出现大幅度增强的现象 [48−50]，这是金属纳米粒子所具有的独特电学光学特性所致。而金属增强荧光的机理有两种。① 激发效率增大引发金属纳米粒子周围的等离子体共振。金属因其中存在可自由移动的电子而具有导电性，当电子不受中心原子核的约束时，仍分散于原子核周围。带正电的原子核周围分散带负电的自由电子，所以整个体系呈电中性。这种金属内原子核与电子相分离的状态类似于通常所说的等离子体，当金属纳米粒子周围物理环境发生变化时，呈电中性的金属体系的自由电子在原本的中心位置上发生振荡现象，即等离子体振荡。当入射光的频率与金属纳米颗粒中的自由电子的振荡频率一致时，会形成表面等离子体共振。而金属增强荧光正是基于激发态的荧光基团和金属纳米颗粒的等离子体共振的相互作用。这一增强机理能使荧光发射信号得到大幅度的增强，同时也不会影响其荧光寿命和量子产率。② 对于具有金属性质的纳米结构材料 (如金属纳米微粒、纳米线等)，通过与光子之间强烈的共振耦合，表面等离子体激元可极大地增强纳米结构周围的电磁场，使发光中心的辐射跃迁概率大幅度提高，从而实现荧光增强 [51−54]。当荧光分子与金属粒子或表面之间存在合适的间距时，荧光分子的辐射衰减速率增加 (由 $\varGamma$ 变为 $\varGamma+\varGamma_{\mathrm{m}}$)，如图 1.2.8 所示 [55]。根据 Jablonski 图表 (图 1.2.8(a))，无金属存在的情况下，荧光分子的量子产率 Q_0 可表示为

$$Q_0=\varGamma/(\varGamma+k_{\mathrm{nr}}) \tag{1.2.11}$$

荧光寿命 τ_0 为

$$\tau_0=(\varGamma+k_{\mathrm{nr}})^{-1} \tag{1.2.12}$$

其中，k_{nr} 为无辐射衰减速率，$\varGamma$ 为辐射衰减速率。不考虑金属表面的猝灭效应 (即设 k_{m} 为零)，并假设辐射衰减速率的增加量为 $\varGamma_{\mathrm{m}}$ (图 1.2.8(b))。在这种情况下，金属表面荧光分子的量子产率 Q_{m} 和寿命 τ_{m} 分别为

$$Q_{\mathrm{m}}=(\varGamma+\varGamma_{\mathrm{m}})/(\varGamma+\varGamma_{\mathrm{m}}+k_{\mathrm{nr}}) \tag{1.2.13}$$

$$\tau_{\mathrm{m}}=(\varGamma+\varGamma_{\mathrm{m}}+k_{\mathrm{nr}})^{-1} \tag{1.2.14}$$

导致 $\varGamma_{\mathrm{m}}$ 值出现的原因是，在合适的间距下金属纳米结构与荧光分子之间的相互作用。由于 $\varGamma_{\mathrm{m}}$、$\varGamma$、k_{nr}，均为正数，比较上述各式知，$\tau_{\mathrm{m}}<\tau_0$，$Q_{\mathrm{m}}>Q_0$。

因此，Γ_{m} 的出现使得荧光基团的辐射衰减速率增加，荧光寿命减小，荧光量子产率增加 [55]。这一过程对于低量子产率的荧光分子影响更加显著。如果 $Q=1$，则 Γ_{m} 的增加不能显著提高荧光强度，但可以显著降低荧光物质的荧光寿命 [56]。这种改善和控制辐射衰减速率的方法被称为辐射衰减工程 (RDE)。值得一提的是，金属表面的这种效应不同于溶剂中的感光荧光分子，后者量子产率的增加是由于无辐射衰减速率的减少。从已有理论和实验研究可以看到，荧光分子与金属表面之间的间距在增强效应中具有重要的作用 (相关研究见第 8 章)。

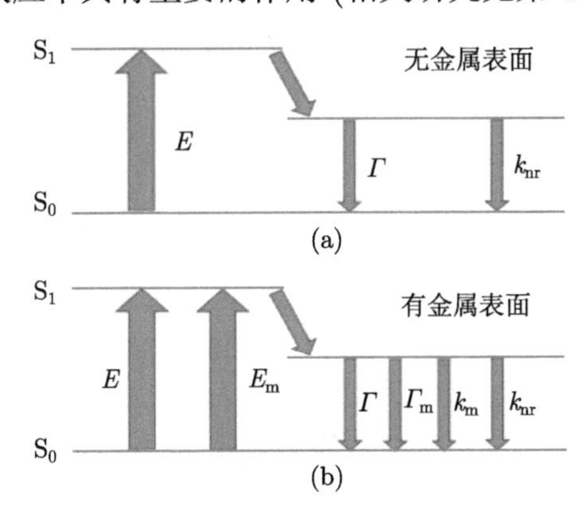

图 1.2.8 不同条件下荧光分子的 Jablonski 能级图

Γ 为无金属表面时的辐射衰减速率，Γ_{m} 为有金属表面时增加的辐射衰减速率，k_{nr} 为无金属表面时的无辐射衰减速率，k_{m} 为有金属表面时增加的无辐射衰减速率。(a) 无金属表面存在；(b) 有金属表面存在

1.2.3 压电晶体适体传感器

压电晶体适体传感器是将适体固定于振荡器上，适体与靶目标的特异性结合导致振荡器的质量增大，而其质量与频率之间存在着线性关系，这一关系可由 Sauerbrey 频率-质量方程描述，据此性质构建传感器实现对靶目标的检测。其中用于制作传感器的压电基质材料主要有石英，具备压电效应，指物体受到机械压力后产生带电的特性，故又称压电石英晶体。该特性也可以逆向进行，即将石英放入合适的电场环境中，能够产生相应的机械压力。根据晶体振动的类型，压电晶体适体传感器可以分为体声波压电晶体适体传感器和表面声波压电晶体适体传感器。

参 考 文 献

[1] 任春波. 基于纳米粒子—酶层层组装的安培生物传感器 [D]. 长春: 中国科学院长春应用化学研究所, 2005.

[2] 杨明星, 缪煜清. 生物传感器在医学检验中的应用 [J]. 临床检验杂志, 2002, 20(3): 182-184.

[3] Thévenot D R, Toth K, Durst R A. Electrochemical biosensors: recommended definitions and classification[J]. Anal. Lett., 2001, 34(5): 635-659.

[4] Turner A P F. Biosensors: fundamentals and applications[J]. Oxford: Oxford University, 1989.

[5] 董绍俊, 车广礼, 谢远武. 化学修饰电极 [M]. 北京: 科学出版社, 2003: 1-13.

[6] 张先恩. 生物传感器 [M]. 北京: 化学工业出版社, 2006: 16-40.

[7] 张先恩. 生物传感技术原理与应用 [M]. 长春: 吉林科学技术出版社, 1991: 1-5.

[8] 张先恩. 生物传感技术原理与应用 [M]. 长春: 吉林科学技术出版社, 1991: 3-8.

[9] 司士辉. 生物传感器 [M]. 北京: 化学工业出版社, 2003: 1-3.

[10] 陈旭. 新型安培生物传感器的研制 [D]. 长春: 中国科学院长春应用化学研究所, 2002.

[11] Lahiri J, Kalal P, Frutos A G, et al. Method for fabricating supported bilayer lipid membranes on gold[J]. Langmuir, 2000, 16(20): 7805-7810.

[12] Vojinović V, Cabral J M S, Fonseca L P. Real-time bioprocess monitoring Part I: In situ sensors[J]. Sensors and Actuators B, 2006, 114(2): 1083-1091.

[13] Marty J L, Mionetto N, Noguer T, et al. Enzyme sensors for the detection of pesticides[J]. Biosensors and Bioelectronics, 1993, 8(6): 273-280.

[14] 张先恩. 生物传感器 [M]. 北京: 化学工业出版社, 2006: 6-12.

[15] 杨玉星. 生物医学传感器与检测技术 [M]. 北京: 化学工业出版社, 2005.

[16] 杜晓燕, 王保珍. 医学生物传感器的发展与未来 [J]. 传感技术学报, 2003, 2: 224-225.

[17] 张志清, 张志俊. 传感器的医学应用 [J]. 上海生物医学工程, 1998, 19(3): 56-58.

[18] 姜远海, 霍纪文, 尹立志. 医用传感器 [M]. 北京: 科学出版社, 1997.

[19] 程琼, 蔡丽玲. 酶生物传感器的发展和酶的固定化 [J]. 嘉兴高等专科学校学报, 1999, 12(2): 40-43.

[20] Clark L C, Lyons J C. Electrode systems for continuous monitoring in cardiovascular surgery[J]. Ann. N. Y. Acad. Sci., 1962, 102(1): 29-45.

[21] Updike S J, Hicks G P. The enzyme electrode[J]. Nature, 1967, 214(5092): 986-988.

[22] 李华清. 快速生化检测用电化学生物传感器研究 [D]. 北京: 中国科学院电子学研究所, 2006.

[23] Karyakin A A, Gitelmacher O V, Karyakria E E. Prussian blue based first-generation biosensor. A sensitive amperometric electrode for glucose[J]. Anal. Chem., 1995, 67(14): 2419-2423.

[24] Weaver M J, Li T T T. Rate-structure dependencies for intramolecular electron transfer via organic anchoring groups at metal surfaces[J]. J. Phys. Chem., l986, 90(16): 3823-3829.

[25] 李彤, 姚子华. 电流型酶传感器的研究进展 [J]. 河北大学学报, 2004, 24(2): 196-202.

[26] Yamamoto K, Ohgaru T, Torimura M, et al. Highly-sensitive flow injection determination of hydrogen peroxide with a peroxidase-immobilized electrode and its application to clinical chemistry[J]. Analytica Chimica Acta, 2000, 406(2): 201-207.

[27] Künzelmann U, Böttcher H. Biosensor properties of glucose oxidase immobilized within SiO_2 gels[J]. Sensors and Actuators B: Chemical, 1997, (1-3): 222-228.

[28] Niu J J, Lee J Y. Reagentless mediated biosensors based onpolyeletmlyte and sol—gel derived silica rnatrix[J]. Sensors and Actuators B: Chemical, 2002, 82: 250-258.

[29] Wang B Q, Dong S J. Sol-gel-derived amperometric biosensor for hydrogen peroxide based on methylene green incorporated in Nafion film[J]. Talanta, 2000, 51(3): 562-572.

[30] Pereira A C, Fertonani F L, Neto G D O, et al. Reagentless biosensor for isocitrate using one step modified Pt-Ir microelectrode[J]. Talanta, 2001, 53(4): 801-806.

[31] 屠一锋, 陶春红. 亚甲蓝作为酶电极电子传递介体的性能研究 [J]. 分析科学学报, 1997, 13(3): 189-192.

[32] 何亚明, 张维成, 王志茹. 测酚用的酪氨酸酶媒体玻碳电极的研制 [J]. 分析测试学报, 1999, 18(4): 76-78.

[33] 马全红, 邓家祺. 苯醌介体修饰的葡萄糖生物传感器 [J]. 复旦学报, 2000, 39(4): 400-404.

[34] Wang B Q, Li B, Deng Q, et al, Amperometric glucose biosensor based on sol-gel organic-inorganic hybrid material[J]. Analytical Chemistry, 1998, 70(15): 3170-3174.

[35] Centonze D, Losito I, Malitesta C. Electrochemical immobilisation of enzymes on conducting organic salt electrodes: characterisation of an oxygen independent and interference-flee glucose biosensor[J]. J. Electroanalytical Chemistry, 1997, 435(1-2): 103-111.

[36] Hsbermüller K, Ramanavicius A, Laurinavicius V. An oxygen-insensitive reagentless glucose biosensor based on osmium-complex modified polypyrrole[J]. Electroanalysis, 2000, 12(17): 1383-1389.

[37] Gregg B A, Heller A. Cross-linked redox gels containing glucose oxidase for amperometric biosensor applications[J]. Anal. Chem., 1990, 62(3): 258-263.

[38] Cenas N K, Kulys J J. Biocatalytic oxidation of glucose on the conductive charge transfer complexes[J]. Bioelectronchem. Bioenerg., 1981, 8(1): 103-113.

[39] Tian Y, Mao L, Okajima T, et al. Superoxide dismutase-based third-generation biosensor for superoxide anion[J]. Anal. Chem., 2002, 74(10): 2428-2434.

[40] 池其金, 董绍俊. 酶直接电化学与第三代生物传感器 [J]. 分析化学, 1994, 22(10): 1065-1072.

[41] Wang J, Reviejo A J. Organic-phase enzyme electrode for the determination of trace water in nonaqueous media [J]. Anal. Chem., 1993, 65: 845-847.

[42] Lakowicz J R. Plasmon-controlled fluorescence: a new paradigm in fluorescence spectroscopy[J]. Analyst, 1999, 133: 1308-1346.

[43] Li D, Chen Z, Mei X. Fluorescence enhancement for noble metal nanoclusters[J]. Adv. Colloid Interface Sci., 2017, 250: 25-39.

[44] Li X M, Wang Y, Luo J, et al. Sensitive detection of adenosine triphosphate by exonuclease III-assisted cyclic amplification coupled with surface plasmon resonance enhanced fluorescence based on nanopore[J]. Sensors and Actuators B: Chemical, 2016, 228: 509-514.

[45] Toma M, Tawa K. Polydopamine thin films as protein linker layer for sensitive detection of interleukin-6 by surface plasmon enhanced fluorescence spectroscopy[J]. ACS Appl. Mater. Interfaces, 2016, 8: 22032-22038.

[46] Tian R, Yan D P, Li C Y, et al. Surface-confined fluorescence enhancement of Au nanoclusters anchoring to a two-dimensional ultrathin nanosheet toward bioimaging[J]. Nanoscale, 2016, 8(18): 9815-9821.

[47] 吴小龑, 刘琳琳, 解增旗, 等. 金属纳米粒子增强有机光电器件性能研究进展 [J]. 高等学校化学学报, 2016, 37(3): 409-425.

[48] Zhang J, Fu Y, Chowdhury M H, et al. Plasmon-coupled fluorescence probes: effect of emission wavelength on fluorophore-labeled silver particles[J]. The Journal of Physical Chemistry C, 2008, 112(25): 9172-9180.

[49] Lakowicz J R, Shen Y, D'Auria S, et al. Radiative decay engineering: 2. effects of silver island films on fluorescence intensity, lifetimes, and resonance energy transfer[J]. Analytical Biochemistry, 2002, 301(2): 261-277.

[50] Lakowicz J R. Radiative decay engineering 5: metal-enhanced fluorescence and plasmon emission[J]. Analytical Biochemistry, 2005, 337(2): 171-194.

[51] Geddes C D, Lakowicz J R. Editorial: metal-enhanced fluorescence[J]. Journal of Fluorescence, 2002, 12(2): 121-129.

[52] Maier S A, Kik P G, Atwater H A, et al. Local detection of electromagnetic energy transport below the diffraction limit in metal nanoparticle plasmon waveguides[J]. Nature Materials, 2003, 2(4): 229-232.

[53] Nabika H N, Deki S. Enhancing and quenching functions of silver nanoparticles on the luminescent properties of europium complex in the solution phase[J]. The Journal of Physical Chemistry B, 2003, 107(35): 9161-9164.

[54] Yue-Hui W. Enhancing and quenching effect of silver nanoparticles on the fluorescein fluorescenc and quenching release by KCl[J]. Chinese Journal of Inorganic Chemistry, 2006, 22(9): 1579-1584.

[55] Lakowicz J R. Radiative decay engineering: biophysical and biomedical applications[J]. Analytical Biochemistry, 2001, 298(1): 1-24.

[56] Lü F, Zheng H, Fang Y. Studies of surface-enhanced fluorescence[J]. Progress in Chemistry, 2007, 19(2): 256-266.

第 2 章　基于薄膜金电极的三磷酸腺苷电化学适体传感器

2.1　引　　言

2.1.1　三磷酸腺苷概述

三磷酸腺苷 (adenosine triphosphate，ATP) 的测定在食品工业、临床诊断等方面起着重要的作用。ATP 是研究细胞乃至机体的生理活性和代谢过程、进行药物敏感实验、食品卫生监控以及微生物检测的重要生化指标，也是抗癌、心血管、护肝等多类药物疗效的评价指标，被称为人体内的 "能量货币"，负责储存和传递化学能，是生物体内最直接的能量来源。ATP 作为生物体化学能的主要载体，对调节细胞代谢和细胞生理活性起着重要作用。另外，ATP 也被用来作为细胞活力和细胞损伤的一个指标。因此，检测 ATP[1,2] 和监测其在含水介质中的浓度，成为一项至关重要的问题。目前，对 ATP 的检测方法主要有质谱法 [3]、高效液相色谱方法 [4]、生物发光法 [5,6]、荧光分析法 [7,8] 和电化学生物传感器法 [9]。其中基于核酸适体的生物传感器，由于其较高的特异性、灵敏度及操作方便等优点，受到越来越多的研究者的重视，具有重要的学术意义和实际应用价值。

目前基于核酸适体生物传感器检测 ATP 的方法主要有：利用无标记的 DNA 适体作为识别元件和溴化乙啶作为信号探针 [10] 的方法检测 ATP，此方法的检测限可达到 0.2mmol/L;利用方波伏安信号 [11] 的变化进行检测,所检测的 ATP 的线性范围为 10μmol/L~1mmol/L；使用 $[Ru(NH)_3]^{3+}$ 和 $[Fe(CN)_6]^{3-/4-}$ 两种离子，通过加入 ATP 前后阻抗变化 [12] 进行检测,其检测范围为 0.2nmol/L~ 1μmol/L。而上述核酸适体电化学传感器中所采用的电极均为传统的三电极系统，包括棒状的工作电极、柱状对电极和玻璃 Ag/AgCl(或饱和甘汞) 参比电极，此种电极无法做到小批量加工，电极表面处理也比较复杂。

2.1.2　微机电系统技术

微机电系统 (Micro electro mechanical system，MEMS，美国惯用词) 又称微机械 (Micromachine，日本惯用词) 和微系统 (Microsystems，欧洲惯用词)，是

指用微机械加工技术制作的包括微传感器、微制动 (亦称微执行器) 器、微能源等微机械基本部分以及高性能的电子集成线路组成的微机电器件与装置 [13]。

MEMS 是一种先进的制造技术平台，是微电路和微机械按功能要求在芯片上的集成，自 20 世纪 80 年代中后期崛起以来发展极其迅速。MEMS 技术是一种典型的多学科交叉的前沿性研究领域，几乎涉及自然及工程科学的所有领域，如电子技术、机械技术、物理学、化学、生物医学、材料科学、能源科学等。一般来说，MEMS 具有以下几个主要特点 [14]：

(1) 微型化、体积小、重量轻、功耗低、价格低，尺寸在毫米到微米范围内，区别于一般宏 (macro)，即传统的尺寸大于 1cm 尺度的“机械”，但并非进入物理上的微观层次；

(2) 基于 (但不限于) 硅微加工 (silicon microfabrication) 技术制造，以硅为主要材料，机械电器性能优良；

(3) 与微电子芯片类同，用硅微加工工艺可以进行大批量生产，成本大大降低，性能价格比相比传统“机械”制造技术大幅度提高；

(4) MEMS 中的“机械”不限于狭义的力学中的机械，它代表一切具有能量转化、传输等功能的效应，包括力、热、光、磁，乃至化学、生物等效应；

(5) 集成化，MEMS 技术可以把不同功能、不同敏感方向或制动方向的多个传感器或执行器集成于一体，或形成微传感器阵列、微执行器阵列，稳定性及可靠性高。

生物 MEMS 技术是用 MEMS 技术制造的化学/生物微型分析和检测芯片或仪器，有一种在衬底上制造出来的样品处理器、混合池、计量、增扩器、反应器、分离器以及检测器等元器件并集成为多功能芯片。可以实现样品的进样、稀释、加试剂、混合、增扩、反应、分离、检测和后处理等分析全过程。它把传统的分析实验室功能微缩在一个芯片上，功能上有获取信息量大、分析效率高、系统与外部连接少、连续检测的特点。由于 MEMS 技术具有以下微型化、智能化、多功能、高集成度和适于大批量生产等特点，生物 MEMS 的研究已成为热点，MEMS 器件及其系统在许多领域都有广阔的应用前景。

2.1.3 核酸适体传感器的工作原理

近年来，随着国内外学者对核酸适体传感器的不断探索、各种新材料与新技术的引进，核酸适体在生物传感、医学检验及食品安全领域的研究和应用将展现出广阔的发展前景。核酸适体传感器的工作原理如图 2.1.1 所示。

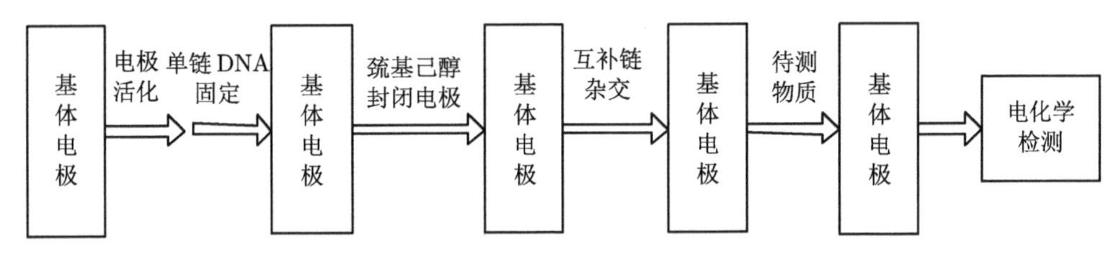

图 2.1.1　核酸适体传感器的工作原理示意图

核酸适体传感器的工作原理如图 2.1.1 所示。结合图示，可将核酸适体传感器的工作原理概括为[15]：在一定的条件下，固定在电极表面上的已知序列的单链 DNA 片段与溶液中的待测 DNA 发生杂交反应，利用两条互补单链 DNA 之间的特异性相互作用，形成双链 DNA，同时借助于能够识别单链 DNA 和双链 DNA 的指示剂在杂交前后的响应信号的改变来定性测定待测序列。换能器则能敏感捕捉反应信息，并将其转换为可检测的物理信号，如产生的电化学、热学、压电学等响应信号。一般而言，在一定范围内，指示剂的响应信号与待测物质的量呈线性关系，可以据此实现对待测物质的定量检测，以达到定量测量的目的。

核酸适体传感器整体设计框图如图 2.1.2 所示。

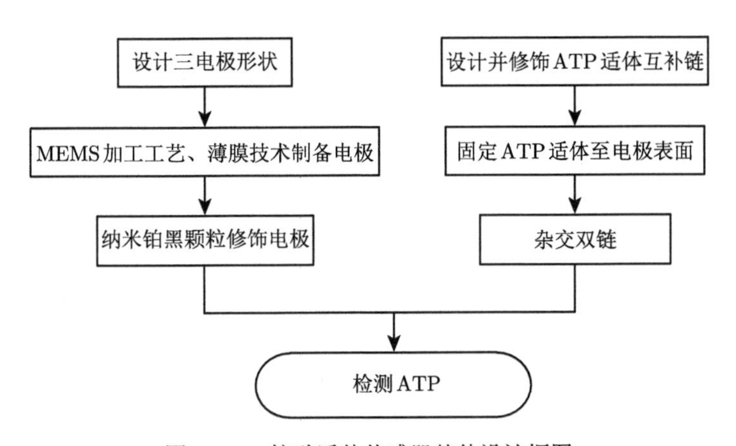

图 2.1.2　核酸适体传感器整体设计框图

主要包括生物传感器基体电极设计与工艺制作，传感器生物分子敏感膜的固定，微弱生物信号的采集、分析和处理及系统的抗干扰性、稳定性、低功耗等关键科学问题。目标是通过采用多通道信号检测技术，对生物传感器进行电化学检测，所产生的电流信号经主控模块处理为数字信号后输出，从而实现研究目标。

2.2 共面薄膜金电极的制备

2.2.1 薄膜材料与薄膜技术

传感器的制备中采用了薄膜技术 [16] 加工工艺。薄膜技术是指在一定的基底上，利用淀积、外延、电镀等工艺技术可以制成金属、合金、半导体、化合物半导体等材料的薄膜，厚度可以达到零点几微米到几微米，利用该方法制备敏感元件，性能优良且成本低廉。

薄膜技术 (thin film technique) 是与薄膜制备、测试等相关的各种技术的总称。它涉及的范围很广，包括：以物理气相沉积和化学气相沉积为代表的成膜技术；以离子束刻蚀为代表的微细加工技术；成膜、刻蚀过程的监控技术；薄膜分析、评价与检测技术等。薄膜的制作方法多种多样，而且各种新的成膜方法层出不穷。通常，我们将沉积薄膜的载体称为基板，沉积的薄膜物质称为薄膜材料。薄膜材料的种类主要包括：金属薄膜材料，无机、陶瓷薄膜材料，有机、聚合物薄膜材料，半导体薄膜材料等。

薄膜的气相沉积一般需要三个基本条件：热的气相源、冷的基板和真空环境。根据气化源的不同，可以将气相沉积成膜法分成真空蒸镀法、离子镀法、溅射镀膜法和化学气相沉积法 (chemical vapor deposition，CVD) 等。通常，前三种方法可以统称为物理气相沉积法。下面简单介绍一下这几种成膜方法。

1) 真空蒸镀法

如同在密闭的房间中，加热壶中的水使之沸腾，水蒸发附着在较冷的窗玻璃上。镀膜过程中，将被蒸发材料 (镀料) 置于坩埚中，通过加热使镀料熔化蒸发，蒸发的镀料则以分子或原子状态飞出，沉积在温度相对较低的基板上，形成薄膜。

2) 离子镀 (ion plating) 法

在坩埚和基板之间，通过不同方式 (如直流二极方式、多阴极方式和多弧方式等) 产生等离子体，镀料蒸汽通过该等离子体时被部分离化。在基板上加有负电压，这样，在薄膜沉积的同时伴随有加速离子的碰撞轰击。离子镀中镀料蒸汽射入基板时所带的能量可以达到真空蒸镀时的数万倍，由此为改善膜层的各种特性提供了可能性。

3) 溅射镀膜法

利用气体放电等离子体中产生的离子 (通常为氩离子)，轰击镀料靶的表面，产生溅射现象，使靶表面的原子或分子被碰撞飞出。飞出的原子或分子沉积在与靶对向放置的基板上，形成薄膜。通常，由靶表面飞出的被溅射原子或分子的速度是蒸镀原子的 50 倍左右。平常我们看到的荧光灯管两端变黑的现象，即归因于溅射。作为靶的平板尺寸可以做得很大，靶的寿命长，成膜效率高，膜厚均匀，特别适合于连续性生产。

4) 化学气相沉积法

将含有欲成膜元素的气体，例如，若希望制作硅的薄膜，可采用硅烷，输运至被加热到几百度高温的基板表面，通过热分解、氧化、还原、置换等化学反应，析出所需要的成分并沉积成薄膜。由于是高温下的反应，虽然能形成质地良好的薄膜，但不能采用耐热性差的塑料等基板材料。由于化学气相沉积利用的是基板表面发生的反应，反应气体也能浸透到深孔等内部，因此，在表面形状复杂的工件上也能均匀成膜。

本章采用的成膜技术是溅射镀膜法，利用金属材料 (铜、金) 作为镀料。镀膜法如图 2.2.1 所示。

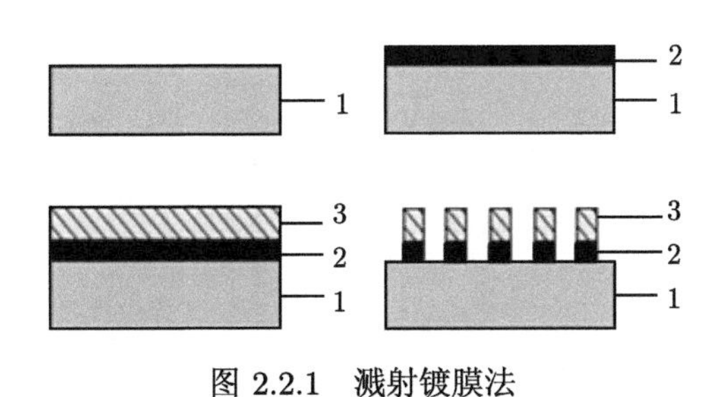

图 2.2.1 溅射镀膜法

1. 绝缘塑料基底；2. 铜 (Cu)；3. 金 (Au)

2.2.2 核酸适体传感器基础电极的选取

传感器基体电极在整个传感器制备中起着很重要的作用，电极材料、电极结构和电极尺寸等因素影响着核酸适体传感器的性能。目前，市场上的基体电极不少，实验室具备四种电极：经典三电极、丝网印刷电极、陶瓷电极和薄膜金电极。其中，薄膜金电极为实验室自行制备。这就需要从众多类型中选取能够满足使用要求的基体电极。

图 2.2.2 是经典三电极。左边的是铂工作电极，保护帽可以避免电极不必要的刮伤。每次实验前需要用铝粉进行抛光，直到电极表面无任何划痕呈闪亮的镜面为止。中间的是 Ag/AgCl 参比电极，玻璃管内的银金属丝浸泡在浓度为 3mol/L 的 KCl 溶液中。使用时，取下蓝色的保护帽即可。当玻璃管内的 KCl 溶液变少时，可以自行添加。右边的为铂丝对电极。给三电极体系施加一定的电压，氧化还原反应便在敏感层表面进行，通过溶液的导通作用，产生响应电流。工作电极是

用来固定敏感膜层的场所；参比电极用于保持恒定的参考电位，其上并无电流通过；对电极和工作电极组成回路，通过响应电流。三电极体系工作原理如图 2.2.3 所示。

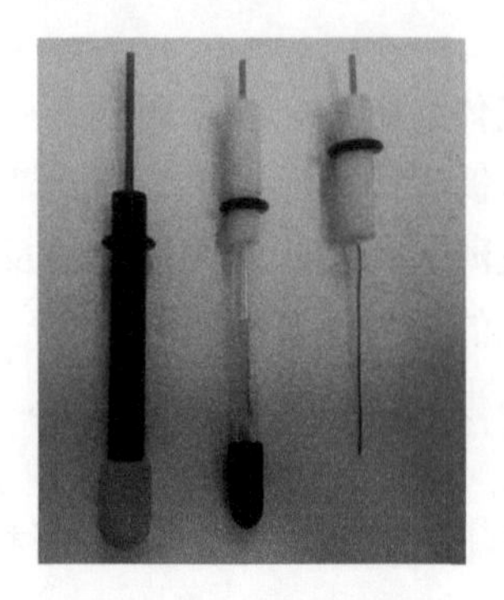

图 2.2.2　经典三电极

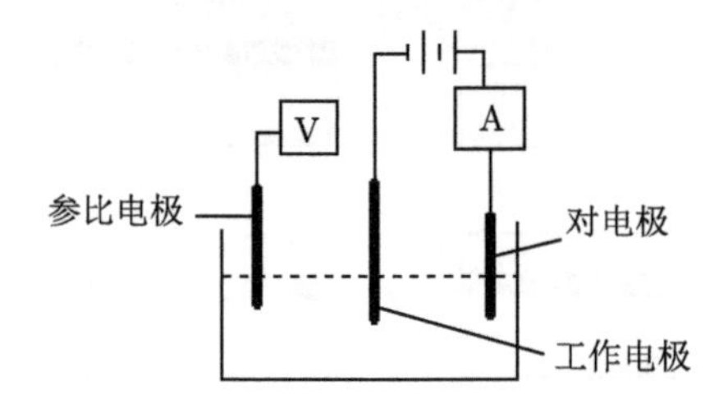

图 2.2.3　三电极体系工作原理

图 2.2.4 从左至右依次是：丝网印刷电极、陶瓷电极和薄膜金电极。这三种电极与图 2.2.2 所示的电极相比，已经集成化了，为便携式生化检测仪器的开发准备了必要的条件。图中的丝网印刷电极属于两电极体系。两电极体系对于导电性较强的水溶液或系统产生的电流信号较小的情况比较适用。两电极体系工作原理如图 2.2.5 所示。

图 2.2.4　集成化电极

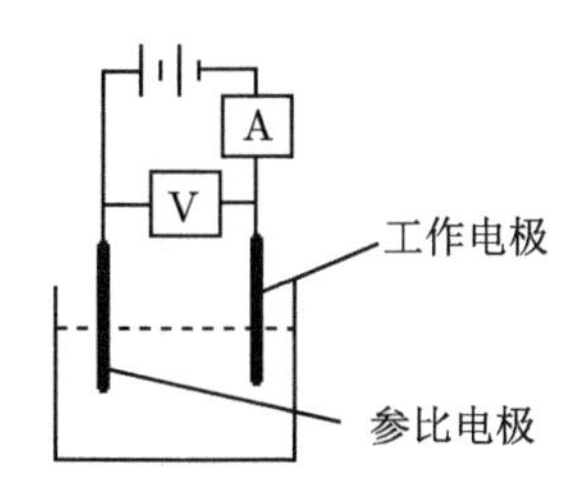

图 2.2.5 两电极体系工作原理

与厚膜制备的电极相比，薄膜电极简化了工艺过程、降低了成本，实现了传感器的小批量制备，同时提高了传感器的一致性和稳定性。金电极比其他陶瓷电极、银电极等更易于与 DNA 结合，且金电极的表面不易钝化。本章在传感器的制备中采用了薄膜技术加工工艺，薄膜金电极的制备流程图如图 2.2.6 所示。

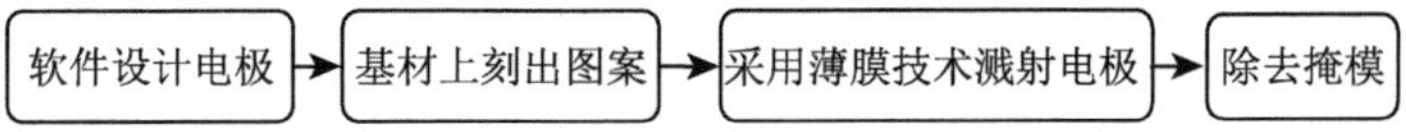

软件设计电极 → 基材上刻出图案 → 采用薄膜技术溅射电极 → 除去掩模

图 2.2.6 薄膜金电极制备流程图

薄膜金电极采用三电极体系，即金工作电极 (working electrode)、金对电极 (counter electrode) 和 Ag/AgCl 参比电极 (reference electrode) 的薄膜电极。对电极的作用是在整个测试中形成一个可以让电流通过的回路，只有一个电极，外电路上是不可能有稳定的电流通过的。而且，与工作电极相比，对电极应具有较大的表面积使得外部所加的极化主要作用于工作电极上，对电极本身电阻要小。参比电极的作用是在测量过程中提供一个稳定的电极电位，对于一个三电极的测试系统，之所以要有一个参比电极，是因为有些时候工作电极和对电极的电极电位在测试过程中都会发生变化，为了确切地知道其中某一个电极的电位 (通常我们关心的是工作电极的电极电位)，我们就必须有一个在测试过程中电极电位恒定的电极作为参比来进行测量，测量时，参比电极上通过的电流极小，不致引起参比电极的极化。由上述分析后设计的电极形状 (从左到右依次为对电极 (C)、工作电极 (W) 和参比电极 (R)) 如图 2.2.7 所示。

上述三电极的表面积比结果如下 (S_1：工作电极，S_2：对电极，S_3：参比电极)：

$$S_1 = \pi r^2, \quad r = 0.9 \tag{2.2.1}$$

$$S_2 = \frac{178}{360}\pi(R^2 - r^2), \quad R = 2.7, r = 1.8 \tag{2.2.2}$$

$$S_3 = \frac{27}{360}\pi(R^2 - r^2), \quad R = 2.7, r = 1.8 \tag{2.2.3}$$

$$S_1 : S_2 : S_3 = 1 : 2.47 : 0.375 \tag{2.2.4}$$

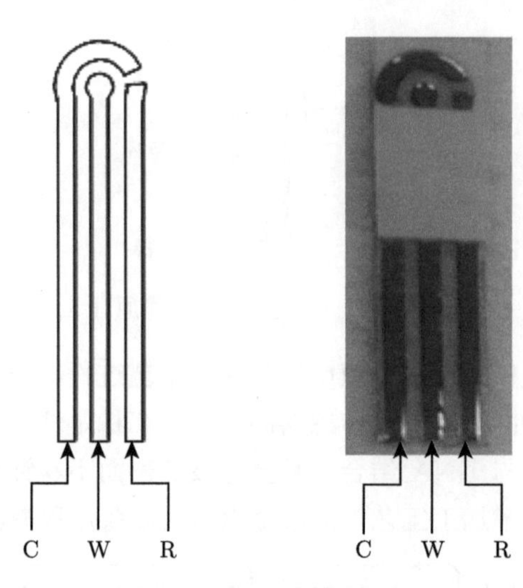

图 2.2.7 基础电极的形状

确定电极的形状及尺寸后，首先利用文泰刻绘软件对电极的形状进行设计，设计完成后通过连接线连接至实验室的 Roland 刻字机。然后，将设计的电极掩模图形刻在传感器基板上。传感器基板材料必须满足绝缘性好、性能稳定、成本低、生物兼容性好和便于生产加工等特点。经过查阅资料同时兼顾经济性，最后选定 PC 卷材作为传感器绝缘基底。本实验室卷材购自深圳市亿超科技有限公司，品名为 0.5HP92S，规格是 1230mm，材质为单面加硬磨砂。绝缘基材上刻绘的过程中，注意刻字机的刀压，太大或者太小都会影响到电极的性能，一般选取刀压为 120gf (1N=102gf)。

电极掩模制作完成之后，便可进入真空溅射镀膜程序。在镀膜的过程中，镀膜时间、速度、功率、工作气压、温度等参数都会影响镀膜质量。因此，需要寻找最佳的工艺参数组合，在制备薄膜金电极时，溅射时间设置为 7min 最为适宜。最终，制得铜/金 (10nm/100nm) 电极层，然后去掉掩模即可得到所需要的金电极阵列。采用丝网印刷工艺在参比电极上丝印 Ag/AgCl 的混合浆料，在 120°C 干燥箱内干燥 5min 后，即制成 Ag/AgCl 参比电极；最后将双面胶带粘贴在塑料基片上，露出金工作电极、金对电极和 Ag/AgCl 参比电极，即完成薄膜金电极的制备。

2.2.3 电极活化处理

制备好的基础电极在存放过程中表面容易吸附各种杂质，在电极表面形成一层薄膜，这层薄膜会抑制电极活性，影响电极的性能，因此在使用之前需要对电极表面进行清洗。等离子清洗机是常用的清洗工具，利用等离子体里的离子做纯物理的撞击，能够把电极表面的原子或附着在电极表面的原子打掉，从而使电极表面在原子水平上变得粗糙，形成一些功能基团，这样有助于在电极表面固定敏感膜。

电极活化前电流很小，氧化还原峰也不明显；电极活化后，氧化还原峰明显且对称，说明电子在电极表面能很好地进行传递。

2.3 基于薄膜金电极的三磷酸腺苷电化学适体传感器制备方法

2.3.1 所需原材料与仪器

CHI 660A 电化学工作站 (美国 CHI 公司)；电化学测量采用三电极系统；GL-16 II 型离心机 (上海安亭科学仪器厂)；电热恒温鼓风干燥箱 DHG-9030A 型号 (上海精宏实验设备有限公司)；07HWS-2 数显恒温磁力搅拌器 (杭州仪表电机有限公司)；JZCK450-3C 磁控溅射设备 (沈阳聚智真空设备有限公司)；丝网印刷工艺 (易达科技术有限公司)；Roland GX-24 刻字机 (北京三义文讯科技发展有限公司)；KQ 2200E 型超声波清洗器 (昆山市超声仪器有限公司)；电子天平 (梅特勒–托利多仪器 (上海) 有限公司)。

ATP 适体及其互补链由上海生工生物工程股份有限公司合成，其碱基序列如下所示：

ATP 适体序列：5′-ACCTGGGGGAGTATTGCGGAGGAAGGT-$(CH_2)_6$-SH-3′;

互补链序列：5′-ACCTTCGTGCGGAATTCTCC-3′。

6-巯基己醇 (6-mercapto-1-hexanol，MCH，98%)(成都艾科达化学试剂有限公司)；ATP(Sigma 公司)；乙二胺四乙酸二钠盐二水 (EDTA, disodium salt, dihydrate)，三-(2-甲酰乙基) 磷盐酸盐 (tris(2-carboxyethyl)-phosphine，TCEP)，Tris-HCl 缓冲液，氯化钠 (NaCl)，氯化钾 (KCl)，铁氰化钾 ($K_3Fe(CN)_6$)，亚铁氰化钾

($K_4Fe(CN)_6$) (上海生工生物工程股份有限公司)；磷酸盐缓冲液 (PBS(0.01mol/L，pH 7.2 ~ 7.4)，北京中杉金桥生物技术有限公司)。在整个实验中，实验用水均为二次去离子水。

实验所用溶液和缓冲液过滤灭菌：

固定缓冲液：10mM[①] Tris-HCl，1.0mM EDTA，1.0M NaCl，1.0mM TCEP，

① 1M = 1mol/L。

pH 7.0；

封闭溶液：1.0mM 的巯基己醇溶液；

杂交缓冲液：10mM Tris-HCl，1.0mM EDTA，1.0M NaCl，pH 7.0；

淋洗缓冲液：10mM Tris-HCl，pH 7.0；

电化学阻抗谱 (EIS) 电化学扫描缓冲液：5mM $K_3Fe(CN)_6$，5mM $K_4Fe(CN)_6$，1M KCl。

2.3.2 传感器制备方法

核酸适体的出现为生物分析方法和传感器的设计开辟了新的思路。核酸适体生物传感器的基本元件包括一个分子识别层和一个信号转换器，其中，分子识别层是一条单链 DNA 探针序列固定在电极上形成的识别层，信号转换器即杂交指示体系，它主要是将 DNA 杂交信息转换为可测定的电化学信号，根据其变化的有无和变化的程度就可以对样品的含量等信息加以测定。

在传感器的研究过程中，基础电极的选择及制作对传感器的性能有很大的影响，基础电极制备完成后，先将基础电极置于超声清洗器中用去离子水清洗 7min，自然晾干待用。清洗时间不宜过短，时间过短不能起到电极清洗的作用。然而，这个时间也不宜太长，经过多次实验，基础金电极在超声清洗器中清洗 10min 以上，会造成金膜脱落。然后在室温 (25°C) 条件下，将电极浸泡在浓度为 100nmol/L 巯基修饰的 ATP 适体溶液中，ATP 适体自组装固定到金电极表面，自组装时间为 24h，之后用 0.01mol/L 磷酸盐缓冲液除去未结合到金电极表面的 ATP 适体，即得到 ATP 适体修饰的金电极；然后，将上一步制备的电极浸泡在浓度为 1.0mmol/L 的 6-巯基己醇溶液中，用于封闭没有与巯基修饰的 ATP 适体反应的金表面，室温 (25°C) 下封闭时间 2h，用缓冲液淋洗除去多余的巯基己醇，即制得致密有序的修饰电极；最后，将上一步制备的电极浸泡在浓度为 100nmol/L 巯基修饰的 ATP 适体互补链溶液中，置于 40°C 恒温箱中进行杂交反应，杂交时间为 1h，杂交完成后取出电极用 0.01mol/L 磷酸盐缓冲液清洗金电极表面，除去表面未杂交 ATP 适体的互补链，得到双链 DNA 修饰的金电极，使其形成双螺旋结构固定在金电极表面。

2.3.3 三磷酸腺苷检测原理

核酸适体生物传感器是利用核酸适体作为识别的接收器，以电化学电极、热敏电阻、场效应晶体管、压电石英晶体等作为换能器，再加上特定的电子线路三部分组成，可以对待测物质进行定性定量检测的装置，其工作原理如图 2.3.1 所示。

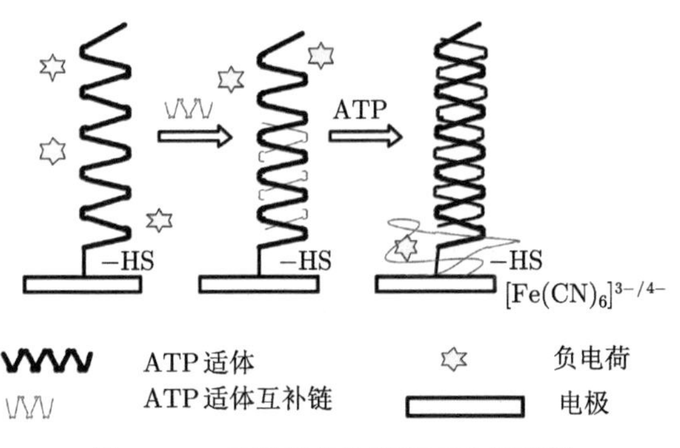

图 2.3.1 核酸适体传感器工作原理图

实验采用三电极体系，即金工作电极、金对电极和 Ag/AgCl 参比电极的薄膜电极。利用核酸磷酸骨架荷负电特性静电排斥 $[Fe(CN)_6]^{3-/4-}$ 所引起的阻抗变化分别检测 ATP。测量前，将上述制备好的核酸适体传感器浸泡在同浓度的 ATP 溶液中，置于 37°C 恒温箱中进行反应，反应时间为 1h。ATP 加入前，溶液中 $[Fe(CN)_6]^{3-/4-}$ 与电极表面无法进行电子传递，阻抗值较大；加入后，适体与 ATP 结合形成特有的结构，杂交双链结构解开，电极表面负电荷大大减少，$[Fe(CN)_6]^{3-/4-}$ 与电极表面可以顺利地进行电子传递，阻抗减小。采用交流阻抗法进行测试，电化学测量均在室温 (25°C) 条件下进行。每一个测定实验都重复进行 3 次。

2.4 基于薄膜金电极的三磷酸腺苷电化学适体传感器检测性能研究

2.4.1 传感器制备条件优化

2.4.1.1 三磷酸腺苷适体互补链的优化

由本实验的实验原理可知，合成的 ATP 适体互补链碱基序列需要满足下列条件，即 ATP 适体与其互补链能够形成螺旋结构固定在薄膜金电极表面，但不能完全配对。若是 ATP 适体与其互补链完全配对，则加入 ATP 后，双链不易解开，不能达到预期的实验目的。另外，设计互补链碱基序列时，因为 GC 配对可以形成三对氢键，而 AT 配对只有两对氢键，即 GC 配对比 AT 配对更稳定些，所以一条链中 GC 含量高，则它的稳定性也高。而且核酸结构的自由能 (free energy) 这个值越低，形成的结构越稳定，经过上述分析，需要对 ATP 适体互补链进行优化，使其满足上述条件。

本实验使用 nupack 软件，经过多次修改，选定互补链碱基序列，完成对 ATP 适体互补链的优化。ATP 适体序列和 3 种互补链序列如表 2.4.1 所示。

表 2.4.1 ATP 适体序列和 3 种互补链序列

名称	序列	双链结构种类	自由能值/(kcal[①]/mol)
ATP 适体	5′-ACCTGGGGGAGTATTGCGGAGGAAGGT-$(CH_2)_6$-SH-3′	—	—
互补链 1	5′-AGCATGCACGGGATTTCACG-3′	2	−23.10
互补链 2	5′-ACCATCCACCGGAATTCTCC-3′	2	−11.14
互补链 3	5′- ACCTTCGTGCGGAATTCTCC-3′	1	−16.8

由表 2.4.1 可知，互补链 1 的碱基序列中含有两种结构，且自由能值较高；互补链 2 的双链含量浓度较低；相比较而言，互补链 3 的核酸结构中自由能值较低，双链含量浓度高且只有一种结构，因此，选择互补链 3 作为实验中 ATP 适体的互补链。

2.4.1.2 提高 ATP 适体在电极上的固定量

琼脂糖和聚丙烯酰胺可以制成各种形状、大小和孔隙度。聚丙烯酰胺分离小片段 DNA 效果较好, 其分辨力极高, 甚至相差 1bp 的 DNA 片段也能分开。琼脂糖和能分离的 DNA 片段的长度为 200bp~50kb, 聚丙烯酰胺凝胶电泳能分离的 DNA 片段的长度为 5 ~ 500bp。本节实验所采用的 DNA 片段的长度为 20 ~ 40 个碱基，因此采用聚丙烯酰胺凝胶电泳进行实验。

1) 验证单链 DNA 是否只有一种结构

聚丙烯酰胺凝胶电泳实验原理：样品介质和丙烯酰胺凝胶中加入离子去污剂和强还原剂后，电泳迁移率主要取决于分子量的大小 (可以忽略电荷因素)。由于聚丙烯酰胺的分子筛作用，小分子可以容易地通过凝胶孔径，阻力小，迁移速度快；大分子则受到较大的阻力而被滞后，这样 DNA 链在电泳过程中就会根据其各自分子量的大小而被分离。

实验步骤如下：

(1) 封胶；

(2) 配置聚丙烯酰胺凝胶溶液；

(3) DNA 干粉经离心振荡，用 1*TAE 溶液溶解，配成浓度为 50μmol/L 的溶液, 配好后各取 10μL 放入灭菌管中，并标上标号。其中，双链 DNA 利用聚合物酶链式反应 (PCR) 扩增仪进行单链 DNA 杂交得到，DNA Marker 为电泳实验的参照物。最后在上样溶液中加入溴酚蓝指示剂即可进行上样。

①1kcal = 4.184kJ。

(4) 固定好电泳槽，加入 1*TAE 溶液，若不漏水也没有气泡，则可以滴加上样溶液，大约 3h 之后，完成后取出凝胶并用溴化乙啶 (EB) 染色，然后放入电泳扫描仪器中扫描并拍照，即可完成。

电泳实验结果如图 2.4.1 所示。

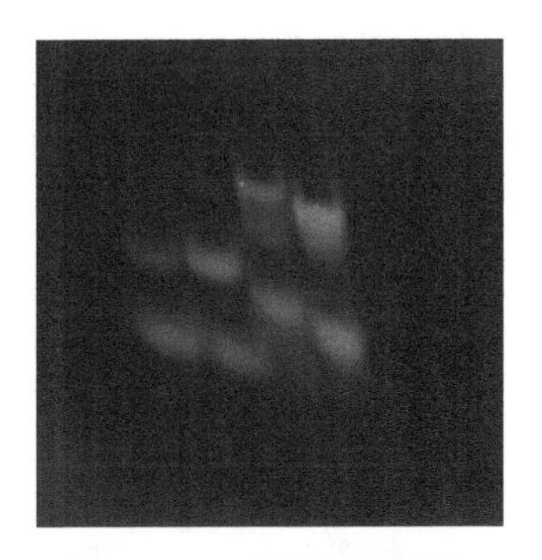

图 2.4.1 电泳实验结果

图中自左向右分别为：ATP 探针 (5′ 端修饰亚甲基蓝)、ATP 适体 (5′ 端修饰巯基)、修饰亚甲基蓝的 ATP 探针与互补链杂交形成的双链、修饰巯基的 ATP 适体与互补链杂交形成的双链

由图 2.4.1 可知，左边两条链应该只有一种结构，只有一条亮带，结果显示却有两条，原因可能是单链中有 S—S 键没有打开，单链 DNA 自己形成双链或多链结构，所以图形中有两条亮带。

2) 验证加入三-(2-甲酰乙基) 磷盐酸盐 (TCEP) 是否能减少双链的形成

还原剂 TCEP 能够打开巯基形成的 S—S，因此，在 DNA 溶液中加入还原剂 TCEP 进行电泳实验。实验结果如图 2.4.2 所示。

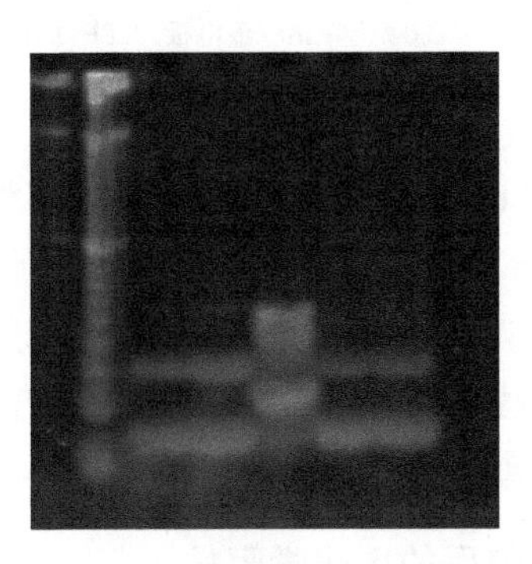

图 2.4.2 加入 TCEP 后电泳实验结果

自左向右分别为：DNA Marker、ATP 适体 (5′ 端修饰巯基) 含有还原剂 TCEP、ATP 适体 (5′ 端修饰巯基) 不含 TCEP、ATP 适体与互补链杂交双链含有还原剂 TCEP、ATP 探针 (5′ 端修饰亚甲基蓝) 含有还原剂 TCEP、ATP 探针 (5′ 端修饰亚甲基蓝) 不含 TCEP

由图 2.4.2 可知，含有基团修饰的 DNA 链都有两条亮带，加入还原剂 TCEP 打开 S—S 键，仍然有两条亮带，可能是合成的 DNA 链中有的没有修饰基团，但加入 TCEP 之后，双链结构的亮带减少，证明加入 TCEP 后，对减少单链 DNA 自己形成双链或多链结构有一定的作用。

2.4.2　核酸适体传感器的电化学行为曲线

首先采用自组装膜法构建核酸适体传感器，然后利用交流阻抗法分别测量裸金电极及加入 ATP 前后的电极在电化学阻抗溶液中的阻抗值。交流阻抗曲线如图 2.4.3 所示。

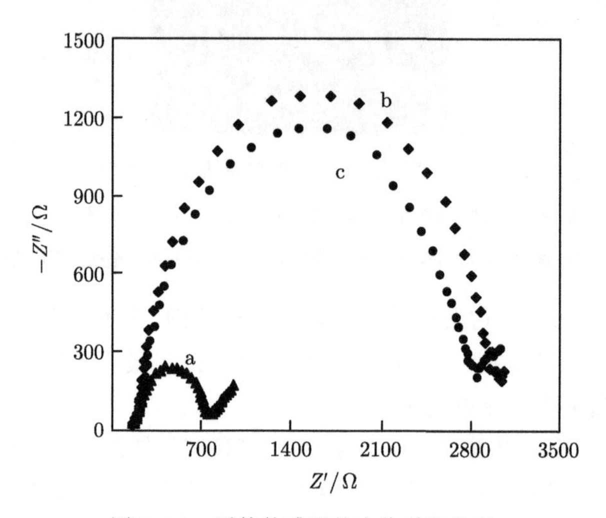

图 2.4.3　适体传感器的电化学阻抗谱

a. 裸金电极；b.6-巯基己醇/金电极；c.6-巯基己醇/金电极/ATP(1nmol/L)ATP 在 0.1M NaCl,5mM $K_3Fe(CN)_6$, 5mM $K_4Fe(CN)_6$

图 2.4.3 中，曲线 a、b 及 c 分别为裸金电极、利用 6-巯基己醇封闭金电极及加入浓度为 1nmol/L 的 ATP 反应后的核酸适体传感器的交流阻抗曲线。由图 2.4.3 可知，裸金电极在溶液中的阻抗值很小，利用 6-巯基己醇封闭金电极后的适体传感器在溶液中的阻抗明显增大，而加入 ATP 之后，由于电极表面的负电荷减少，电荷传递阻抗明显减小。

2.4.3　巯基己醇封闭电极前后的电化学阻抗

6-巯基己醇利用金硫键以共价键形式自组装固定在金电极表面，以钝化裸露的金表面，防止后续步骤中所用物质在金表面的非特异性吸附。巯基己醇溶液用于封闭没有与巯基修饰的 ATP 适体反应的金表面，室温 (25°C) 下封闭时间为

2h。封闭后电极表面的探针序列致密有序，用缓冲液淋洗除去多余的巯基己醇溶液，即制得致密有序的修饰电极。对于不同浓度的 ATP，利用巯基己醇封闭电极前后传感器的电化学阻抗谱如图 2.4.4 所示。

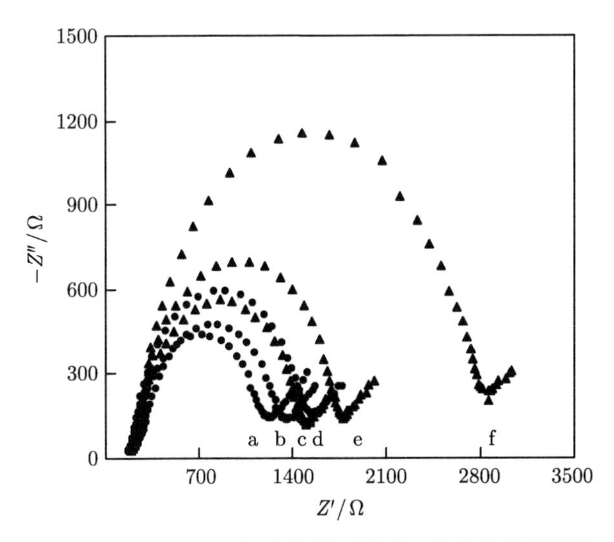

图 2.4.4 巯基己醇封闭电极前后传感器的电化学阻抗谱

封闭电极前,a.100nmol/L,b.50nmol/L,d.1nmol/L; 封闭电极后,c.100nmol/L,e.50nmol/L,f.1nmol/L

图 2.4.4 中，曲线 a、b、d 和曲线 c、e、f 分别为巯基己醇封闭电极前后 ATP 浓度为 100nmol/L, 50nmol/L, 1nmol/L 时的电化学阻抗谱，由图 2.4.4 可见，利用巯基己醇封闭裸露的金电极表面，减慢了负电荷在电极表面的传递速度，阻抗值增加，Nyquist 图直径变大，使实验效果更加明显。

2.4.4 自组装时间对传感器电化学阻抗的影响

参考文献设置自组装时间，本次实验设置自组装时间分别为 3h、8h、15h、24h 和 30h，在电化学阻抗溶液中测量电化学交流阻抗谱，每个测定实验分别测试三次，结果如图 2.4.5 所示。

当带有负电荷磷酸骨架的巯基修饰单链 DNA 通过 Au—S 键自组装在金电极表面后会引起电极界面性质的变化。随着自组装时间的延长，巯基修饰单链 DNA 组装在电极表面的数量越来越多，电极表面的负电荷明显增多，同性相斥原理阻碍了同为负电荷的电化学活性物质到达电极表面进行电荷传递的进程，导致电极表面电荷传递阻抗值增加。由图 2.4.5 可知，本次实验条件下，自组装时间为 24h 时电荷传递阻抗值最大，电极表面巯基修饰单链 DNA 的量最多，故以下实验自组装时间均为 24h。

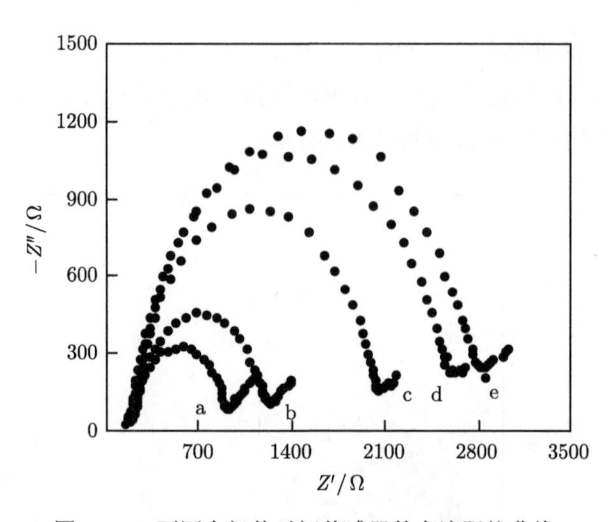

图 2.4.5　不同自组装时间传感器的交流阻抗曲线

a ~ e: 3h、8h、15h、30h、24h 在 0.1M NaCl,5mM $K_3Fe(CN)_6$,5mM $K_4Fe(CN)_6$

2.4.5　传感器检测三磷酸腺苷浓度的电化学阻抗谱表征

把电解池系统的电过程用各种元件如电阻 R、电容 C 或电感 L 串、并联组成的电路进行模拟，这种用来模拟的电路称为等效电路，电极过程可以用电阻 R 和电容 C 组成的电化学等效电路来表示，电路图如图 2.4.6 所示。电化学阻抗谱 [17] 实质上是研究 RC 电路在交流电作用下的特点和规律，电化学阻抗谱技术可以提供电极与溶液界面多种性质，包括电极阻抗 (Z_W)，双电层电容 (C)，表面电子传递电阻 (R_{et})，溶液电阻 (R_L) 等。以电极阻抗值的虚部对阻抗值的实部作图称为电化学阻抗谱，也称为 Nyquist 图谱。其中从原点到半圆的起点等于溶液电阻 R_L，半圆的直径大小等于电极表面电子传递电阻 R_{et} 的数值。

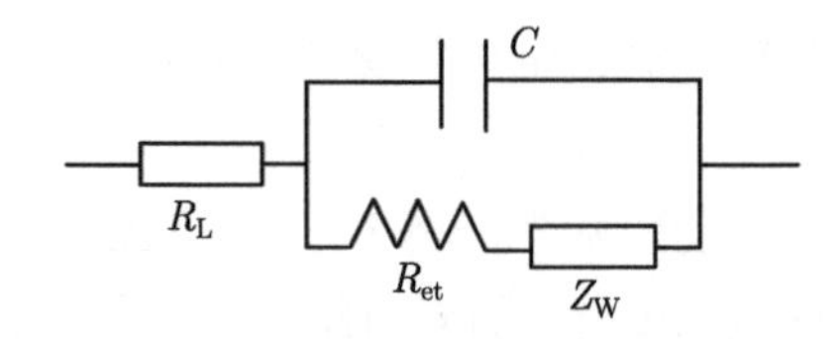

图 2.4.6　电解池的等效电路图

ATP 适体固定到电极表面且与其互补链杂交之后，电极表面的水分子和电解质被 DNA 所取代，导致一些界面性质的变化，如导致电子转移电阻和界面电容的变化。此技术应用到 DNA 杂交传感器的构建中，检测构建过程中电极界面的阻抗变化。将制备好的核酸适体传感器浸泡在不同浓度的 ATP 溶液中进行反应

1h，然后进行电化学阻抗谱测试，测量结果如图 2.4.7 所示。金电极表面电子传递电阻 R_{et} 与 ATP 浓度之间的关系曲线如图 2.4.8 所示。

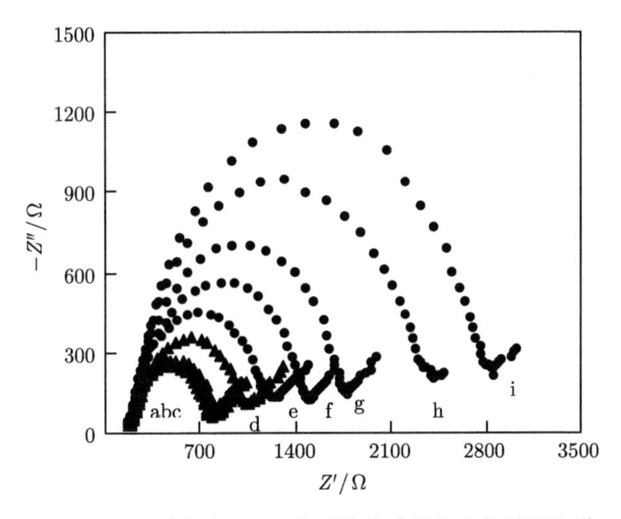

图 2.4.7 不同浓度 ATP 的适体传感器的电化学阻抗谱

a ~ i: 700nmol/L, 600nmol/L, 500nmol/L, 300nmol/L, 200nmol/L, 100nmol/L, 50nmol/L, 10nmol/L, 1nmol/L

图 2.4.7 中，曲线 a～i 分别是 ATP 浓度为 700nmol/L, 600nmol/L, 500nmol/L, 300nmol/L, 200nmol/L, 100nmol/L, 50nmol/L, 10nmol/L, 1nmol/L 时的电化学阻抗谱。由图 2.4.7 可知，在核酸适体传感器上滴加 ATP 的浓度不同，其阻抗值也不相同，且在 ATP 浓度为 1 ~ 500nmol/L 范围内，随着 ATP 浓度的增大，高频部分半圆弧所对应的表面电子传递电阻值逐渐减小。

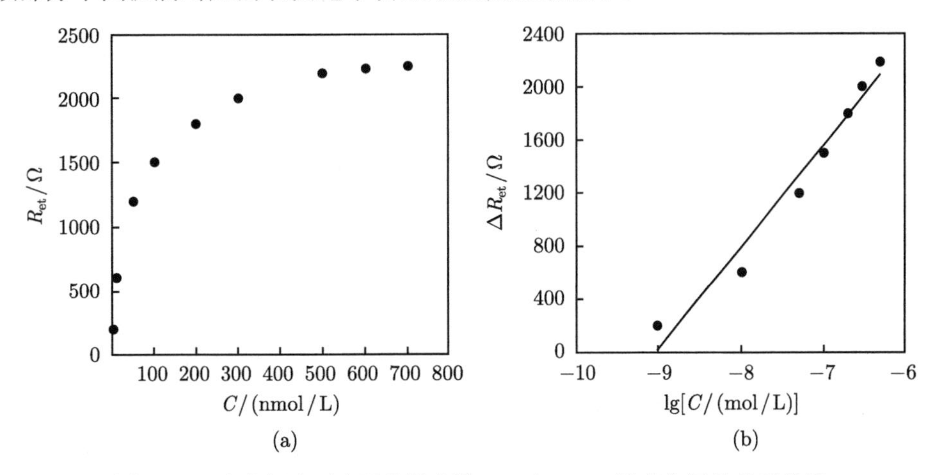

图 2.4.8 金电极表面电子传递电阻 R_{et} 与 ATP 浓度之间的关系曲线

ΔR_{et} 的值是 R_0 与 R_{et} 的差值，R_0 是加入 ATP 之前的电子传递电阻。从图 2.4.8(a) 中可以看出，在 ATP 的浓度为 $1 \sim 500$nmol/L 范围内，金电极表面电子传递电阻差值 ΔR_{et} 与 ATP 浓度的对数值呈现良好的线性关系。传感器的线性回归方程为 $y = 763.22 \lg C + 6897.1$，相关系数为 0.9842，检出限为 1nmol/L。

2.4.6 传感器重复性检测

利用六个不同的电极分别构建核酸适体传感器，测量 ATP 浓度为 1nmol/L 时的电化学阻抗谱，实验结果如图 2.4.9 所示。

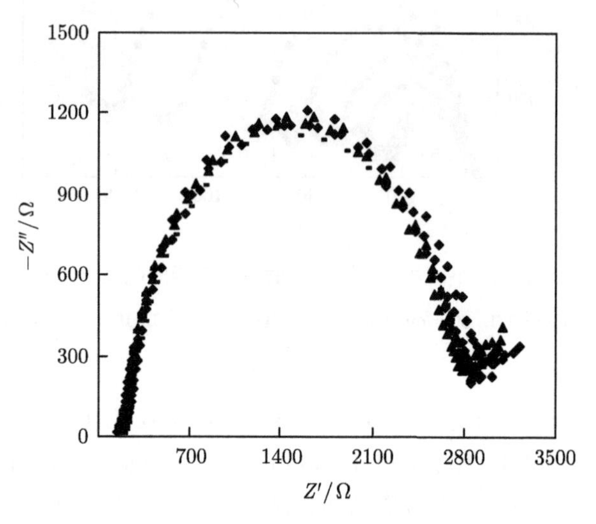

图 2.4.9 适体传感器的重复性

由图 2.4.9 可知，利用自组装法制备的核酸适体传感器测量同一浓度的 ATP 时，传感器在电化学阻抗溶液中的交流阻抗曲线变化很小，该现象表明核酸适体传感器具有较好的重复性。

2.5 纳米铂黑修饰电极的三磷酸腺苷适体传感器研究

2.5.1 适体传感器中的纳米材料

2.5.1.1 纳米材料在生物传感器中的应用

纳米材料是指三维空间尺寸至少有一维处于纳米级 (通常为 $1 \sim 100$nm) 或者由它们作为基本单元构成的材料，由于纳米材料特殊的表面效应、小尺寸效应、量子尺寸效应、宏观量子隧道效应等，纳米材料在磁介质、催化、电化学催化、生物医药、生物传感和生物电化学分析等领域获得了广泛的应用。经过近几十年的研究，已经制备出了各种形状的纳米材料，如纳米颗粒、纳米管、纳米线、纳米棒等。

核酸适体传感器是信息科学、生物技术和生物控制论等多学科交叉融合而形成的新兴高科技领域。纳米技术应用于电化学生物传感器，为其发展带来了新的契机，提供了更为广阔的空间。纳米材料奇异的物理和化学特性，使得生物传感器的灵敏度、检测限和响应范围等性能指标得到了很大的提升。由于纳米材料在比表面和结构上的重要特性，近年来，其研究和开发得到了迅速发展，特别在适体生物传感器的研制方面有广泛的应用。与传统的传感器相比，基于纳米材料的适体传感器具有超高的灵敏度和良好的选择性，且可实现高通量的实时检测分析。

纳米材料在适体传感器中的应用 [18−21] 主要有以下三方面：

(1) 将纳米材料修饰到电极表面用于适体分子的固定。

将纳米材料修饰到适体传感器的表面主要有两个方面的作用，即提高适体分子的固定量和增大电化学信号。纳米材料因具有大的比表面积、高的表面自由能、良好的生物相容性及富含表面功能基团等特性，所以能将大量的生物分子固定到电极表面，并较好地保持其生物构型及活性。修饰方式主要是在适体 DNA 的末端连接含硫化合物，再通过这一基团将适体 DNA 固定在纳米金颗粒表面。

(2) 纳米材料作为标记物用于检测。

采用纳米材料作为生物分子的标记物，可以在很大程度上改善被标记物的性能，明显提高现有分析方法的灵敏度。

(3) 加快电子转移速率，增加氧化还原物质在电极表面反应的可逆性。

近年来随着纳米技术的不断改进，纳米材料修饰电极结合了纳米材料和化学修饰电极的优点，在各领域的研究应用中得到了广泛的发展，成为电化学、电分析化学等学科研究的热门领域。新型纳米生物传感器的各项性能参数，如线性检测范围、响应时间、稳定性和检测限等都有所改善。尽管如此，但仍存在许多技术难题和挑战。比如，一些纳米材料合成困难及适体筛选耗时，筛选过程复杂；由于原子空间排列问题，纳米颗粒还不能修饰生物大分子等问题有待解决。随着纳米技术和传感器技术的不断发展，如何将纳米技术和适体传感器有效地结合，如何利用纳米材料的特殊性能来提高适体传感器的检测灵敏度及线性检测范围将是科研工作者研究的热点。

2.5.1.2 纳米材料化学修饰电极的制备

纳米材料的制备是纳米技术领域的一个重要研究课题。纳米材料的制备方法应该尽量简单、成本低廉，且便于批量生产，同时也要有利于控制材料的粒径大小、微观组成及结构等特点。化学修饰电极的制备是开展这个领域的关键步骤。修饰电极的设计操作的合理与否及优劣程度对化学修饰电极的活性、重现性和稳定性有直接的影响，可以认为它是化学修饰电极研究和应用的基础。纳米材料化学修饰电极的制备主要有以下几种方法。

1) 共价键合法

共价键合法是最早用来对电极进行人工修饰的方法。该方法一般分两步进行，首先进行电极表面处理，引入键合基，然后是电极表面的有机合成，通过键合反应把预定功能团固定到电极表面。目前常用的是：碳二亚胺 (EDC) 和 N-烃基琥珀酰亚胺 (NHS) 作为偶联活化剂，可将 DNA 共价修饰电极表面；金属及其氧化物电极可与有机硅化合物作用，在电极表面修饰上活性基团，然后再与电活性物质进行反应。

共价键合方法修饰电极的程序比较多、过程复杂且耗时间，而且在电极表面的固定功能团的覆盖量低，因此除非特殊需要，这种方法一般不常使用。

2) 吸附法

吸附法是通过非共价的作用方式将修饰物质固定至电极表面，分为单分子层修饰电极和多分子层修饰电极。主要包括化学吸附、静电吸附、自组装膜法等。最常用的是分子自组装膜法。分子自组装膜法 (self-assembling，SA 膜) 是基于分子自组作用，在固/液界面上，物质自然地“自组”成高度有序单分子层的方法。庞等在金电极表面形成含—SH 的自组装单分子层 (SAM)，在该单分子层上共价键合或吸附固定 DNA 分子，都取得了较好的效果。使用吸附法制备的修饰电极，除了简单、直接的优点外，存在的主要问题是吸附层不重现，而且吸附的修饰剂会逐渐消失。但在严格控制实验条件的情况下，它仍然能够获得重复性较好的结果。目前在某些方面，如生物传感器中媒介体的修饰，特别是在溶出伏安法分析中都有广泛的应用。

3) 聚合物薄膜法

目前多分子层修饰电极中最常用的方法就是电化学聚合法。例如，含氨基和羟基的芳环这些聚合物的电化学制备方法一般是将单体和支持电解质溶液加入电解池中，用恒电流、恒电位或循环伏安法进行电解，由电氧化引发生成导电性聚合物薄膜。与单分子层修饰电极的方法相比，多分子层修饰的方法具有三维空间结构的特征，其电化学响应信号较大，而且具有较高的稳定性，无论从研究方面还是应用方面都具有良好的发展前景。

4) 电化学沉积法

电化学沉积法是制备贵金属及无机氧化物纳米材料修饰电极的一种比较常用

的方法。其原理是通过施加一定的还原电位，在基体电极上直接电还原沉积得到不同形状的纳米材料。首先将基体电极放入金属离子溶液中，然后运用电化学方法，如恒电位、恒电流、循环伏安、方波扫描法等，控制一定的电流密度或电位，最终将纳米材料固定在电极表面。电化学沉积法制备纳米材料时，不需要使用任何还原剂，反应通过电子转移来实现，方法比较简单，同时也能减少污染。电化学沉积法制备纳米材料还有以下几个优点：① 电沉积过程的主要推动力即过电位，可以人为控制，整个沉积过程容易实现计算机监控，技术困难小、操作简单，有利于从实验室向工业化转变；② 易于常温常压操作，避免了高温在材料内部产生的热应力；③ 电沉积能使沉积原子在基底上外延生长，易于在大面积和复杂形状的零件上获得较好的外延生长层；④ 该方法适用于合成多种纳米金属、合金及复合材料。因此，采用电化学沉积法制备纳米材料有着广阔的应用前景。

2.5.2 纳米铂黑颗粒修饰电极的制备

随着科技发展，纳米材料的特异性被广泛应用。纳米材料的制备方法应当尽量简单、成本低廉、环境友好，且便于批量生产，同时也要有利于控制材料的粒径大小、微观组成、结构形态等特点。由前面章节中介绍的纳米材料的制备方法可知，电化学沉积法制备纳米材料的方法更适用于实验室纳米金属材料的制备。因此，本实验中采用电化学沉积法制备纳米铂黑颗粒修饰电极。

首先，利用薄膜技术制备金基础电极，将金基础电极放在超声清洗器中清洗大概 7min。然后，配置 48mmol/L 氯铂酸和 4.2mmol/L 醋酸铅按 1:1 比例混合的溶液，作为工作电极的被镀电极和作为对电极的铂丝 (系统参比电极与对电极短接) 共同置于上述混合而成的电解液中，利用计时电流法完成纳米铂黑的沉积。电镀电压为 -1.5V，电镀时间为 90s。电镀结束后，用大量去离子水冲洗电极以去除残留在电极表面的离子，并在室温 (25°C) 下晾干，即可完成纳米铂黑颗粒修饰电极的制备。

采用电化学沉积法在薄膜金电极上沉积纳米铂黑颗粒后，纳米铂黑颗粒比较均匀地分布在电极表面，形成不规则的岛状结构。一方面电极表面的多孔结构可以改善电极亲水性；另一方面纳米铂黑颗粒能够增加电极的比表面积从而可以在电极表面固定更多的敏感膜分子，提高传感器的性能。

2.5.3 纳米铂黑修饰电极的三磷酸腺苷适体传感器制备方法

2.5.3.1 所需原材料与仪器

CHI 660A 电化学工作站 (美国 CHI 公司)；GL-16 II 型离心机 (上海安亭科学仪器厂)；电热恒温鼓风干燥箱 DHG-9030A 型号 (上海精宏实验设备有限公

司)；07HWS-2 数显恒温磁力搅拌器 (杭州仪表电机有限公司)；KQ 2200E 型超声波清洗器 (昆山市超声仪器有限公司)；电子天平 (梅特勒–托利多仪器 (上海) 有限公司)。

ATP 适体及其互补链由上海生工生物工程股份有限公司合成，6-巯基己醇 (6-mercapto-1-hexanol，MCH，98%) 购自成都艾科达化学试剂有限公司；ATP 购自 Sigma 公司；乙二胺四乙酸二钠盐二水 (EDTA,disodium salt,dihydrate)，三-(2-甲酰乙基) 磷盐酸盐 (tris(2-carboxyethyl)-phosphine，TCEP)，50×TAE，氯化钠 (NaCl)，氯化钾 (KCl)，铁氰化钾 ($K_3Fe(CN)_6$)，亚铁氰化钾 ($K_4Fe(CN)_6$)，一磷酸腺苷 (AMP)，二磷酸腺苷 (ADP)，氯铂酸和醋酸购自上海生工生物工程股份有限公司；磷酸盐缓冲液 (PBS(0.01mol/L，pH 7.2 ~ 7.4)) 购自北京中杉金桥生物技术有限公司。

2.5.3.2 传感器制备方法

利用核酸磷酸骨架荷负电特性静电排斥 $[Fe(CN)_6]^{3-/4-}$ 所引起的阻抗变化分别检测 ATP。首先，利用薄膜技术制备金基础电极，其次，完成纳米铂黑颗粒修饰电极的制备，然后，在电极表面自组装巯基修饰的 ATP 适体，室温 (25°C) 下自组装时间为 24h，之后进行电极封闭，室温下封闭时间为 2h，然后与互补链溶液在 40°C 恒温箱中进行杂交，杂交时间为 1h，即可完成纳米材料修饰的核酸适体传感器的制备。最后，将制备好的核酸适体传感器浸泡在不同浓度的 ATP 溶液中，置于 37°C 恒温箱中进行反应，反应时间为 1h。ATP 加入前，溶液中 $[Fe(CN)_6]^{3-/4-}$ 与电极表面无法进行电子传递，阻抗值较大；加入后，适体与 ATP 结合形成特有的结构，杂交双链结构解开，电极表面负电荷大大减少，$[Fe(CN)_6]^{3-/4-}$ 与电极表面可以顺利地进行电子传递，阻抗减小。采用交流阻抗法进行测试。电化学测量均在室温 (25°C) 条件下进行。每一个测量实验都重复进行 3 次。

2.5.4 纳米铂黑修饰电极的三磷酸腺苷适体传感器检测性能研究

2.5.4.1 纳米铂黑颗粒修饰电极的电化学行为曲线

首先采用自组装膜法构建纳米颗粒修饰电极的核酸适体传感器，然后利用交流阻抗法分别测量裸金电极、固定 ATP 适体杂交链后的电极及纳米颗粒修饰后固定 ATP 适体杂交双链的电极在电化学阻抗溶液中的阻抗值。交流阻抗曲线如图 2.5.1 所示。

图 2.5.1 中，曲线 a、b 及 c 分别为裸金电极、利用 6-巯基己醇封闭金电极及加入沉积纳米铂黑颗粒后封闭电极的核酸适体传感器的交流阻抗曲线。由图 2.5.1

可知，裸金电极在溶液中的阻抗值很小，利用 6-巯基己醇封闭金电极后的适体传感器在溶液中的阻抗明显增大，而在金电极表面沉积纳米铂黑颗粒之后，增加了 ATP 适体的固定量，金电极表面裸露的面积减小，电极表面的电荷难以进行电子传递，电荷传递阻抗明显增加。

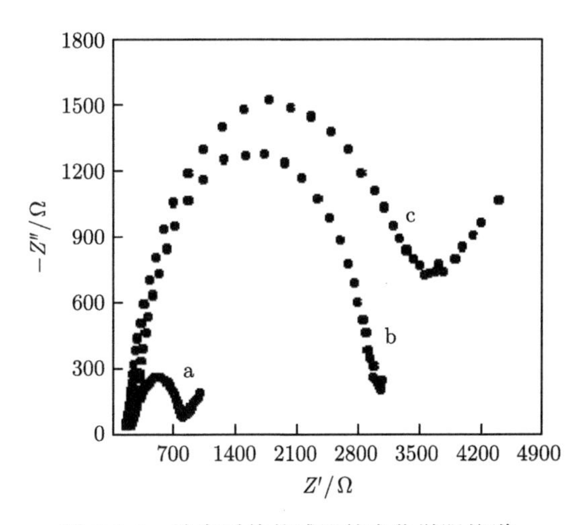

图 2.5.1 纳米适体传感器的电化学阻抗谱

a. 裸金电极；b.6-巯基己醇/金电极；c. 纳米颗粒/6-巯基己醇/金电极/(在 0.1M NaCl,5mM $K_3Fe(CN)_6$, 5mM $K_4Fe(CN)_6$)

2.5.4.2 纳米铂黑颗粒修饰电极的线性检测范围

纳米铂黑颗粒修饰电极的制备完成后，在电极表面自组装巯基修饰的 ATP 适体，常温 (25°C) 下自组装时间为 24h，之后进行电极封闭，常温下封闭时间为 2h，然后与互补链溶液在 40°C 恒温箱中进行杂交，杂交 1h，即可完成纳米材料修饰的核酸适体传感器的制备。将上述制备好的核酸适体传感器浸泡在不同浓度的 ATP 溶液中，置于 37°C 恒温箱中进行反应，反应时间为 1h。然后进行电化学阻抗谱测试，测量结果如图 2.5.2 所示。金电极表面电子传递电阻 $R_{\rm et}$ 与 ATP 浓度之间的关系曲线如图 2.5.3 所示。采用交流阻抗法进行测试，电化学测量均在室温条件 (25°C) 下进行。每一个测定实验都重复进行 3 次。

图 2.5.2 中，曲线 a 到 k 分别是 ATP 浓度为 5μmol/L, 3μmol/L, 1μmol/L, 700nmol/L, 500nmol/L, 300nmol/L, 200nmol/L, 100nmol/L, 50nmol/L, 10nmol/L, 1nmol/L 时的电化学阻抗谱。由图 2.5.2 可知，在核酸适体传感器上滴加 ATP 的浓度不同，其阻抗值也不相同，且在 ATP 浓度为 1nmol/L ~ 1μmol/L 范围内，随着 ATP 浓度的增大，高频部分半圆弧所对应的表面电子传递电阻值逐渐减小。

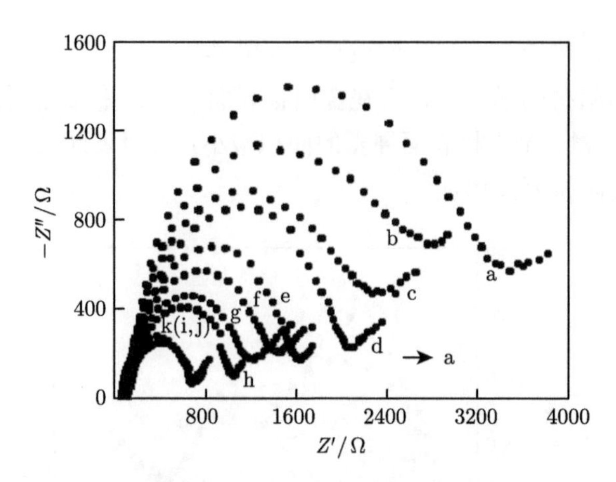

图 2.5.2 不同浓度 ATP 的适体传感器电化学阻抗谱

a ~ k: 5μmol/L, 3μmol/L, 1μmol/L, 700nmol/L, 500nmol/L, 300nmol/L, 200nmol/L, 100nmol/L, 50nmol/L, 10nmol/L, 1nmol/L

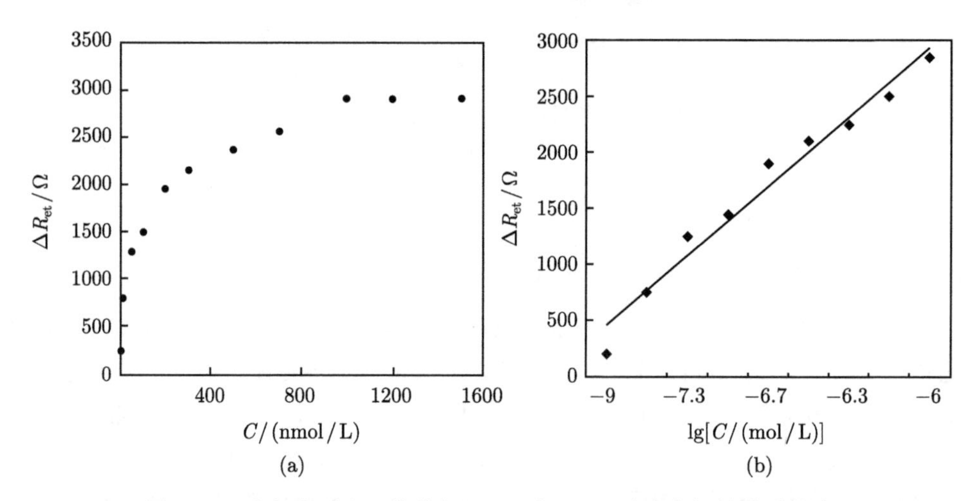

图 2.5.3 电极表面电子传递电阻 R_{et} 与 ATP 浓度之间的关系曲线

ΔR_{et} 的值是 R_0 与 R_{et} 的差值，R_0 是加入 ATP 之前的电子传递电阻。从图 2.5.3 中可以看出，在 ATP 的浓度为 1nmol/L ~ 1μmol/L 范围内，金电极表面电子传递电阻差值 ΔR_{et} 与 ATP 浓度的对数值呈现良好的线性关系。传感器的线性回归方程为 $y = 308.33\lg C + 152.7$，相关系数为 0.9847，检出限为 1nmol/L。

2.5.4.3 三磷酸腺苷特异性实验

在 ATP 的制备、存储过程中，容易混入或产生 AMP、ADP 等杂质，且 ATP、AMP 及 ADP 的结构相似、理化性质相近。本实验在 ATP 浓度最低时，混入浓度较高的 ADP 及 AMP，采用电化学阻抗谱法实现对三磷酸腺苷的检测。其检测结果如图 2.5.4 所示。

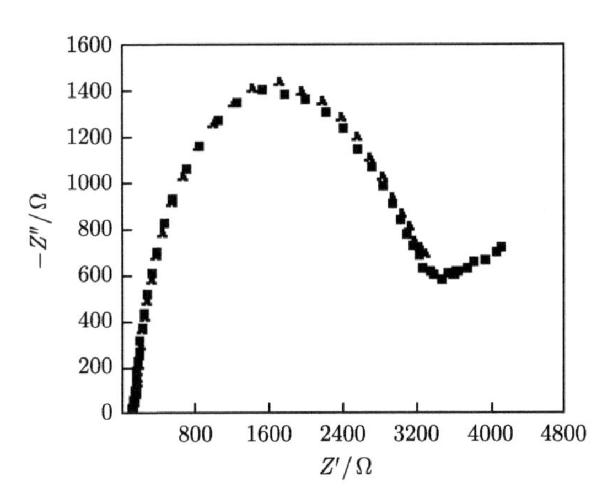

图 2.5.4 三磷酸腺苷特异性

由图 2.5.4 可知，加入 ADP 及 AMP 前后，实验结果并无较大差别，这说明，利用 ATP 适体作为识别元件构建的核酸适体传感器只特异地结合其目标靶分子 ATP,ATP 具有特异性，能极大地提高检测的准确性。

2.6 本 章 小 结

本章首先利用薄膜金电极自组装法制备了测量 ATP 浓度的核酸适体传感器，对传感器的自组装时间及 6-巯基己醇封闭金电极表面对实验的影响进行了研究，并通过交流阻抗谱技术表征了 ATP 浓度的测量过程。采用 MEMS 技术实现了传感器的微型化，提高了测量结果的一致性，并且对传感器的线性度和重复性进行了研究，实验结果表明，在各个参数优化之后，传感器的线性测量范围为 1~500nmol/L，线性度为 0.9842，检出限可达到 1nmol/L，具有良好的生产与应用前景。接着简单地介绍了纳米材料在核酸适体中的应用级纳米材料的制备方法，主要介绍了本实验中制备纳米材料的方法，即电化学沉积法。完成了在薄膜金电极表面修饰纳米铂黑颗粒，然后进行了 ATP 浓度的检测，与进行纳米颗粒修饰前相比，核酸适体传感器的线性检测范围明显增加。线性检测范围为 1nmol/L~ 1μmol/L，相关系数为 0.9847，最低检测限为 1nmol/L，线性检测范围及相关系数均比电极表面修饰纳米颗粒前有所提高。并且进行了 ATP 的特异性实验，成功地制备出了一种基于共面薄膜金电极的、快速准确地检测 ATP 浓度的核酸适体传感器。

参 考 文 献

[1] Yao W, Wang L, Wang H, et al. An aptamer-based electrochemiluminescent biosensor for ATP detection[J]. Biosensors and Bioelectronics, 2009, 24(11): 3269-3274.

[2] Li H Q, Guo Z H, Wang H, et al. An amperometric bienzyme biosensor for rapid measurement of alanine aminotransferase in whole blood[J]. Sensors and Actuators B Chemical, 2006, 119(2): 419-424.

[3] Huang Y F, Chang H T. Analysis of adenosine triphosphate and glutathione through gold nanoparticles assisted laser desorption/ionization mass spectrometry[J]. Anal. Chem., 2007, 79: 4852-4859.

[4] 郝苏丽, 徐康森. 高效液相色谱法测定三磷酸腺苷二钠含量 [J]. 中国生化药物杂志, 2001, 22(6): 305-306.

[5] 尹子波, 侯玉柱, 尹建军. ATP 生物发光技术在微生物检测中的应用 [J]. 食品研究与开发, 2012, 33(2): 228-231.

[6] Zhu S Z, Wu X H, Zhao L Q, et al. Study on shigella detection by ATP bioluminescence magnetic enzyme immunoassay[J]. Meteorological and Environmental Research, 2013, 4(2-3): 18-21, 25.

[7] Yu F, Li L, Chen F. Determination of adenosine disodium triphosphate using prulifloxacin–terbium(III) as a fluorescence probe by Spectrofluorimetry[J]. Analytica Chimica Acta, 2008, 610(2): 257-262.

[8] 富波, 陈传燕, 王磊. 巴洛沙星–Tb^{3+}–ATP 荧光体系的建立及其分析应用 [J]. 化学分析计量, 2012, 21(3): 39-43.

[9] Zayats M, Huang Y, Gill R, et al. Label-free and reagentless aptamer-based sensors for small molecules[J]. J. Am. Chem. Soc., 2006, 128(42): 13666-13667.

[10] Wang Y Y, Liu B. ATP detection using a label-free DNA aptamer and a cationic tetrahedral fluorene[J]. Analyst, 2008, 133(11): 1593-1598.

[11] Zuo X, Song S, Zhang J, et al. A target-responsive electrochemical aptamer switch (TREAS) for reagentless detection of nanomolar ATP [J]. J. Am. Chem. Soc., 2007, 129(5): 1042-1043.

[12] Xiao Y, Piorek B D, Plaxco K W, et al. A reagentless signal-on architecture for electronic, aptamer-based sensors via target-induced strand displacement[J]. J. Am. Chem. Soc., 2005, 127(51): 17990-17991.

[13] 石庚辰. 微机电系统技术 [M]. 北京: 国防工业出版社, 2002.

[14] 李德胜, 王东红, 孙金玮, 等. MEMS 技术及其应用 [M]. 哈尔滨: 哈尔滨工业大学出版社, 2002.

[15] 魏旭, 郝青丽, 陆路德, 等. 巯基修饰单链 DNA 在纳米金薄膜电极上自组装、杂交和取向的电化学交流阻抗谱 [J]. 应用化学, 2010, 27(8): 970-977.

[16] 饶能高, 奚日辉, 李华清, 等. 薄膜工艺制备乳酸传感器 [J]. 仪表技术与传感器, 2004, (12): 6-7.

第 3 章　基于血糖仪的电化学适体传感器研究

3.1　引　　言

3.1.1　电化学适体传感器检测方法

电化学适体传感器因为选择性好、精确度高、响应时间快等优点，在食品安全、医疗检测等领域具有巨大的发展潜力。随着纳米科技及纳米材料的发展，将纳米材料应用于电化学适体传感器，构建性能更优的传感器成为研究热点之一。

电化学适体传感器的检测原理主要有竞争型和夹心型，如图 3.1.1 所示。

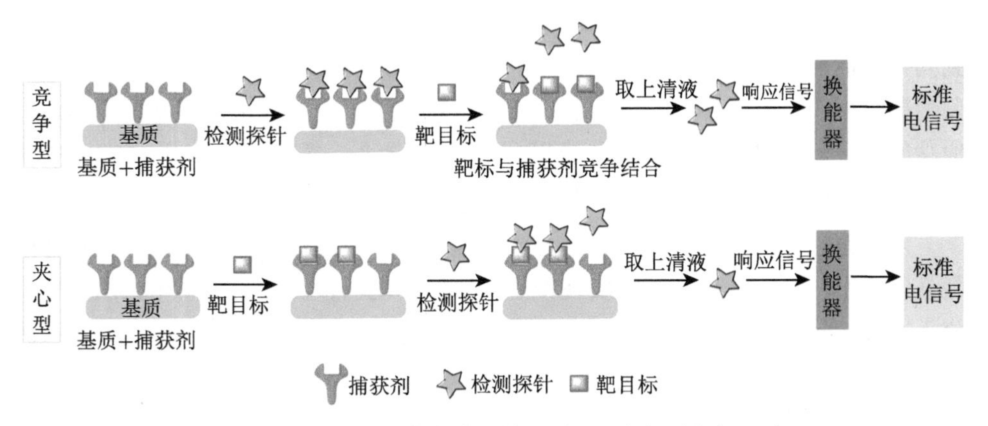

图 3.1.1　电化学适体传感器检测原理：竞争型和夹心型

竞争型：首先将捕获剂 (抗体、核酸等) 固化于基质 (电极、孔板、薄膜等) 上，加入检测探针后，捕获剂可以与检测探针通过静电作用力、氢键或范德瓦耳斯力等结合，再加入靶目标，由于靶目标与捕获剂之间的特异性结合力大于检测探针与捕获剂之间的作用力，所以靶目标与捕获剂竞争结合，并使得检测探针脱离捕获剂进入上清液中，检测探针的量与靶目标的浓度有关，经过离心、冲洗等取出上清液中的检测探针，经过换能器转换为标准电信号，以此实现靶目标的分析检测。

夹心型：首先将捕获剂固定于基质上，加入靶目标后，捕获剂可以结合靶目标，再加入检测探针，这里的检测探针是可以识别并结合靶目标的，故形成捕获剂-靶目标-检测探针的夹心型结构，而未结合的检测探针的量与靶目标的浓度有关，所以将未结合的上清液中的检测探针取出，经换能器转换为标准电信号，以此实现靶目标的分析检测。

3.1.2 基于血糖仪的电化学适体传感器检测方法

便携式传感器，具有快速、便携及高性价比的优势，在检测方面的科学研究具有革命性的发展，尤其是在环境监测与个人保健方面的研究及应用表现出了巨大的潜力。个人血糖仪，是具有便携式和定量检测的便携式传感器之一。目前，个人血糖仪是世界上使用最广泛的诊断设备之一，有超过 30 年的发展历程。相比于其他检测设备，个人血糖仪分析应用的优点是其具有便携式口袋的大小，成本低，操作简单，更重要的是，它们全无障碍地面向大众。此前，个人血糖仪只用于检测糖尿病患者一个目标，即血糖监测。但是，最近的研究提出，个人血糖仪也可以用以检测非葡萄糖的目标物质 [1]，利用蔗糖酶将蔗糖水解为可以检测的葡萄糖来检测目标物质。因为蔗糖对于个人血糖仪是完全惰性的，所以将蔗糖链接到其他目标，由个人血糖仪检测蔗糖的主要水解产物葡萄糖，以此来达到检测非葡萄糖物质的目的。尽管蔗糖酶已在工业上得到了广泛的应用，偶联蔗糖酶对其他功能分子的检测已取得了部分成果，如 DNA[2−5]、多巴胺 [6]、蛋白酶 [7,8] 及其他分子，但对其他分子的探索及应用却是少之又少。

以血糖仪作为换能器，不仅具有检测速度快、检测成本低的优点，更重要的是其体积小，操作简单，容易实现便携式检测和现场检测。实验中用到两种血糖仪，罗氏卓越精彩型血糖仪和强生稳豪倍易型血糖仪，如图 3.1.2 所示。其检测血糖 (葡萄糖) 的原理是，在试纸上固定葡萄糖酶，将试纸与待测液接触，酶与待测液中的葡萄糖发生氧化还原反应，反应产生的电子通过电子设备计数，最终转换为葡萄糖浓度并输出。由于试纸条上固定有葡萄糖酶，所以在储藏中要特别注意试纸条的密封保存，以及使用时要注意快速取用，防止污染。任何一种血糖仪，其试纸都有一定的检测范围，在这个范围内，葡萄糖浓度与电信号成较好的线性度，读数精确；超过上限读数或低于下限读数，由于电化学仪器处于饱和状态或未激发状态，对葡萄糖的浓度变化不再敏感，读数不精确。使用的罗氏血糖仪的检测范围为：0.6~33.3mmol/L，强生血糖仪的检测范围为：1.1~33.3mmol/L。所以在实验中应注意该问题，对靶目标转化的葡萄糖浓度进行合理控制，使其落在有效的检测范围内，如葡萄糖浓度偏小，则传感器应采用合适的信号放大策略后，再进行检测。

血糖仪只能特异性检测葡萄糖，为了将其应用于其他非糖靶目标的检测，我们在检测探针上固定蔗糖酶，向检测探针上清液加入蔗糖，其上的蔗糖酶将蔗糖转换为葡萄糖，此时葡萄糖的量与检测探针的量具有线性关系，即葡萄糖的量与非糖靶目标的浓度具有线性关系，实现了利用血糖仪对其他靶标的特异性检测。为了进一步提高传感器的灵敏度，我们在传感器的构建中充分使用了金纳米材料，如在两种电化学适体传感器检测探针的构建中利用纳米金较大的比表面积，耦合纳米金–蔗糖酶，提高蔗糖酶的固定量；在电化学适体传感器中，利用纳米金修饰基质，从而提高捕获剂的负载量等。

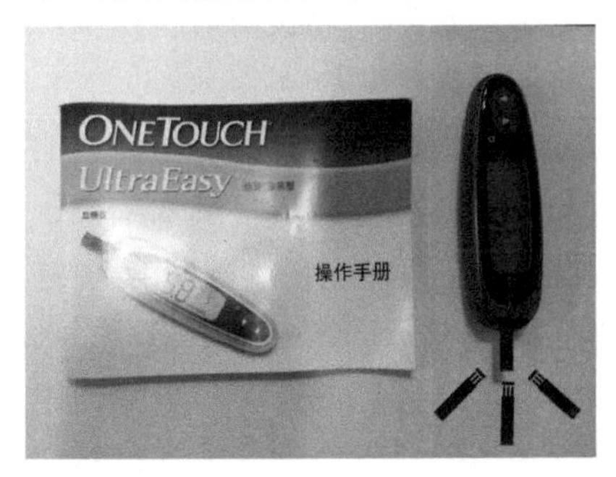

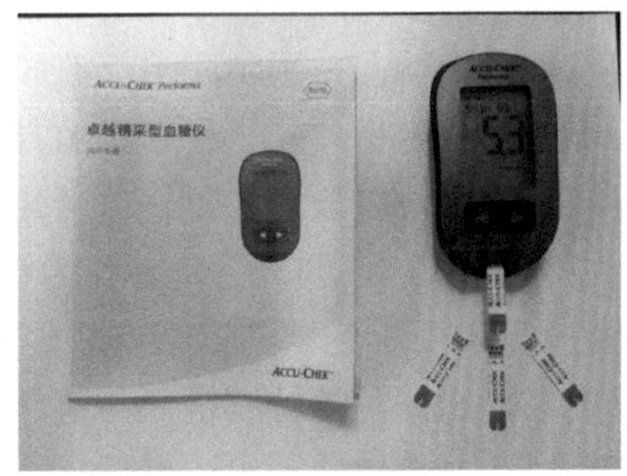

图 3.1.2　血糖仪及其试纸条

纳米金 (gold nanoparticle，AuNP)，也叫作胶体金，是指直径在 1~100nm 的金材料，是目前研究较热的纳米材料之一。通过物理法 (真空蒸镀法、激光消融法等) 和化学法 (溶胶法、晶体生长法等) 制备。金纳米颗粒主要有表面效应 (大的比表面积)、小尺寸效应、量子尺寸效应和宏观量子隧道效应等。正是其独特的物理、化学等性质，研究者常常用它构建新型传感器。电化学适体传感器中，常常利用其较大的比表面积来提高生物分子的负载量、利用其较好的导电和电子传递作用来提高电极的电子转移速率，并且可将金、银沉积到纳米金表面实现信号的放大。实验中使用的纳米金如图 3.1.3 所示。

图 3.1.3　纳米金样品照片

3.1.3 检测对象

3.1.3.1 胰岛素

糖尿病是现阶段的一种常见多发性疾病，已成为威胁人类健康的重大疾病之一。目前我国成年糖尿病患者已高达 9000 多万人。糖尿病的根本原因是人体胰岛功能受体缺陷，胰岛 β 细胞受损，胰岛素分泌相对或绝对不足而导致的一种慢性内分泌代谢性疾病，血糖的升高只是一种临床症状，胰岛素是调节人体内血糖浓度的重要手段，测定全血或血清胰岛素水平，及早发现胰岛细胞损伤，尽快恢复胰岛细胞的功能，是预防和治疗糖尿病的关键。

在我们的研究中建立一种新颖的方法，将个人血糖仪与针对胰岛素的核酸适体传感器相结合，以检测和量化非葡萄糖的分析物胰岛素。将纳米金粒子修饰的 96 微孔板用作基质，胰岛素适体作为识别元件，适体互补链-蔗糖酶-金纳米颗粒用作探针，没有目标物胰岛素时，适体与检测探针由于互补碱基的作用力结合，加入目标物后，适体与探针解链后与胰岛素结合，解链后的探针与蔗糖作用后水解出葡萄糖，用血糖仪检测出浓度信号。据查阅相关文献，这种方法虽然已被用于检测 DNA、金属离子等多种目标物，但用于检测胰岛素还是第一次，之前并没有人做过这种研究。个人血糖仪被用于检测胰岛素具有简便、高灵敏性和选择性的优点，相信这种简便的检测方法，在蛋白质和生物分子的高灵敏度和便携式检测上具有很大的潜力。

本研究是首次利用血糖仪作为检测仪器，用于获取血液胰岛素水平的传感方法，将糖尿病防治重心前移，坚持以预防为主，在胰岛素水平出现异常初期即对患者采取有针对性的治疗措施，预防糖尿病的发生；同时，血液胰岛素水平的快速测定，对胰岛素瘤和胰岛素抵抗综合征等有关疾病的早期诊断、疗效观察、发病机理及临床和基础研究也具有重要的科学价值和意义。

3.1.3.2 多巴胺

临床实践中，多巴胺 (dopamine，DA) 含量的检测，对神经性食欲缺乏症、阿尔茨海默病和帕金森病等的诊断和治疗有重要作用。但是多巴胺化学性质不稳定，在空气环境中易被氧化，故实际检测中，一般以盐酸多巴胺 [9,10](dopamine hydrochloride，DH) 代替人体内的多巴胺。目前检测盐酸多巴胺的方法主要有高效液相色谱法 [11]、色谱-质谱联用法 [12]、免疫分析法 [13,14]。这些方法往往需要专业的实验设备，操作繁琐且检测成本较高。

核酸适体能与特定靶目标进行高特异性和强亲和力结合，功能与抗体相似，并且凭借其较抗体更易合成、易修饰、易保存和高稳定性的特点，被越来越多地用于制备核酸适体传感器 [15−18]。便携式血糖仪能够对血糖 (葡萄糖) 进行准确的测量，并且具有体积小、操作简单等特点，但是由于其只对葡萄糖具有特异检测性，检测目标单一，所以限制了其进一步的发展应用。核酸适体传感器结合血糖仪用于检测非糖靶目标吸引了研究人员的兴趣与关注，2011 年有学者利用蔗糖酶作为中介物质，将被测物质浓度与蔗糖酶的催化产物葡萄糖浓度相关联，通过血糖仪检测葡萄糖浓度实现了对 DNA 分子的检测，目前已扩展到大肠杆菌、肌红蛋白 [19]、Cu^{2+}[20] 等非糖物质的检测。

近年来，纳米技术在分析和诊断领域应用广泛，纳米材料 [21−23](金属纳米材料、量子点、硅纳米材料等) 的合成及应用取得了较大进展。纳米金由于小尺寸效应 [24,25]、催化活性 [26,27]、易修饰 [28] 等独特性质，成为广泛关注的热点，用于新型传感系统的开发有助于构建简单、灵敏度高、选择性好的纳米金-适体传感器 [29−32] 。

本方法是基于纳米金–蔗糖酶的复合物构建的电化学适体传感器，利用纳米金较大的比表面积固定蔗糖酶实现对检测信号的转换与放大，基于核酸适体与靶目标强亲和力结合的竞争机制，结合血糖仪实现了对多巴胺的检测，具有操作简便、检测成本低、特异性好的特点。通过选择合适的核酸适体容易实现对致病菌、抗生素等的特异灵敏检测，在医疗卫生和食品安全领域具有较大的研究价值。

3.2 基于血糖仪的电化学适体传感器检测胰岛素

3.2.1 传感器基本原理

利用血糖仪检测胰岛素的原理如图 3.2.1 所示，首先使纳米金颗粒与蔗糖酶及 DNA2 结合，制成 DNA2-蔗糖酶-纳米金检测探针。96 微孔板经处理后固定结合上纳米金颗粒并加入修饰有巯基的 DNA1，纳米金与 DNA1 通过 Au—S 键结合在 96 微孔板上；然后把制作成的 DNA2-蔗糖酶-纳米金检测探针加入到修饰好的 96 微孔板中，因为 DNA1 和 DNA2 有碱基互补，检测探针连接到了微孔板中。当加入目标物胰岛素后，由于 DNA1 和胰岛素特异性结合力大于碱基互补力，探针链脱离了微孔板。把脱离的探针链放入蔗糖中，通过蔗糖酶水解作用产生葡萄糖，由血糖仪检测出葡萄糖的含量。葡萄糖的含量与加入目标底物的量呈一定关系，根据葡萄糖的量最终得出胰岛素的含量。

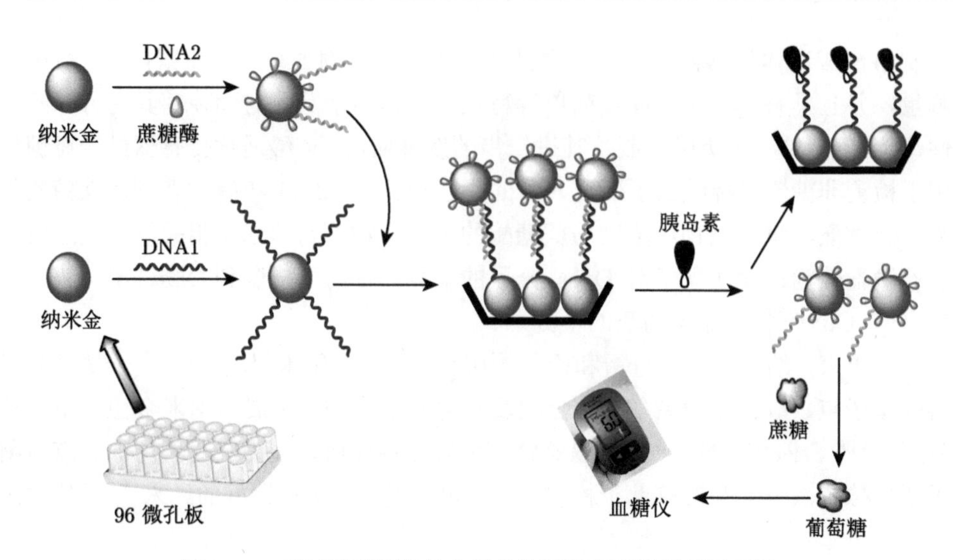

图 3.2.1　基于核酸适体及血糖仪检测胰岛素的原理示意图

3.2.2　所需原材料与仪器

所需仪器：GL-16 II 型离心机 (上海安亭科学仪器厂)；HZQ-F200 振荡培养箱 (北京东联哈尔仪器制造有限公司)；DHG-9030A 型电热恒温鼓风干燥箱 (上海精宏实验设备有限公司)；07HWS-2 数显恒温磁力搅拌器 (杭州仪表电机有限公司)；电子天平 (梅特勒–托利多仪器 (上海) 有限公司)；FE20K 酸度计 (梅特勒–托利多仪器 (上海) 有限公司)；罗氏血糖仪 (强生 (中国) 医疗器械有限公司)；移液器 (艾本德中国有限公司)；LA612 型 ELGA LabWater(威立雅水处理技术 (上海) 有限公司)。96 微孔板购自上海生工生物技术有限公司 (中国)；纳米金溶液 (直径 20nm) 购自上海华蓝化学科技有限公司；所用的牛胰岛素从北京索莱宝科技有限公司购买；实验所用的寡核苷酸序列均由上海生工生物技术有限公司 (中国) 合成，其核苷酸序列如下：

胰岛素特异性适体，DNA1：

5′-SH -$(CH_2)_6$-ACA GGG GTG TGG GGA CAG GGG TGT GGG G-3′；

互补链，DNA2：

5′-SH -$(CH_2)_6$-ACA GCA TTC AGC GCA TCG G-3′；

所用试剂：磷酸盐 (PBS) 缓冲液，10mmol/L，pH7.4(Na_2HPO_4，10mmol/L；KH_2PO_4，2mmol/L；NaCl，137mmol/L；KCl，2.7mmol/L)；Tris-醋酸缓冲液，10mmol/L，pH5.2；三-(2-甲酰乙基) 磷盐酸盐 (TCEP)，2.5mmol/L；巯基乙醇，1mmol/L；TCEP 和巯基乙醇用 Tris-醋酸缓冲液配制。蔗糖酶：用 PBS 配制成

2mg/mL；蔗糖，1mol/L；用 PBS 配制；浓硝酸，纯度为 65%～68%，浓度为 16mol/L；所用试剂原材料均购自南京诺唯赞生物科技有限公司。实验用水是电阻为 18.2MΩ 的超纯水。

3.2.3 传感器制备方法

(1) 纳米金与 96 微孔板的准备：

如图 3.2.2 所示是我们本次试验要用到的 96 微孔板。首先，96 微孔板用 50μL 16mol/L HNO_3 处理 2h，然后用双蒸水冲洗 3 次，把 100μL 纳米金溶液 (直径 20nm) 加入 96 微孔板中，把 96 微孔板放入振荡培养箱中，37°C 下培育 24h，取出后用 100μL 双蒸水冲洗 2 次。

(2) DNA2 及蔗糖酶修饰纳米金的准备：

把 500μL 2mg/mL 的蔗糖酶加入到 1mL 纳米金溶液中混合，在 4°C 下保存 6h；在混合物中加入 100μL DNA2 (用 PBS 配置成 0.5μmol/L)，将混合物放在振荡培养箱中 37°C 下培育 16h 后，在室温下用离心机将其离心 20min，14000r/min；将离心后的上清液倒出，用 PBS 冲洗掉未结合的蔗糖酶和 DNA2。剩余的离心底物在 1mL PBS 中 4°C 保存，这种修饰过的纳米金可以在两个月内保持稳定。此处得到的便是 DNA2-酶-纳米金探针。

(3) DNA1 的固定：

将 DNA1 用 TCEP 稀释至 10μmol/L，激活放在黑暗无光处 1h 后，取 200μL DNA1 加入到纳米金溶液中 (96 微孔板)，在 37°C 黑暗无光条件下培育超过 16h 后，加入 50μL 巯基乙醇将其固定，继续在 37°C 下培育 1h，然后把 DNA1 和用纳米金修饰的 96 微孔板用 50μL 的 PBS 冲洗 3 次。

(4) 胰岛素的检测：

将 100μL 的 DNA2-酶-纳米金探针加入到固定有 DNA1 和纳米金的 96 微孔板中，96 微孔板在振荡培养箱中 37°C 下培育 2h，用 100μL PBS 冲洗 3 次；之后分别加入 100μL 用 PBS 配制的不同浓度的胰岛素溶液 (300μmol/L，250μmol/L，200μmol/L，150μmol/L，100μmol/L，50μmol/L，10μmol/L，1μmol/L)，在 37°C 黑暗无光条件下培育 2h。孵育完成后，把微孔板中的上清液吸出，用 10μL 的 PBS 冲洗微孔板两次，将吸出液和冲洗液同时放入离心管内，加入 30μL 1mol/L 蔗糖，37°C 下培育 1h，从所得溶液中取出 2μL 用罗氏血糖仪检测其浓度。如图 3.2.2 所示的 96 微孔板，使用前的 96 微孔板如右边部分一样，板底皆为白色，通过固定纳米金等一系列实验后，左边的部分颜色逐渐变化为深紫色，用肉眼可以直接观察到。

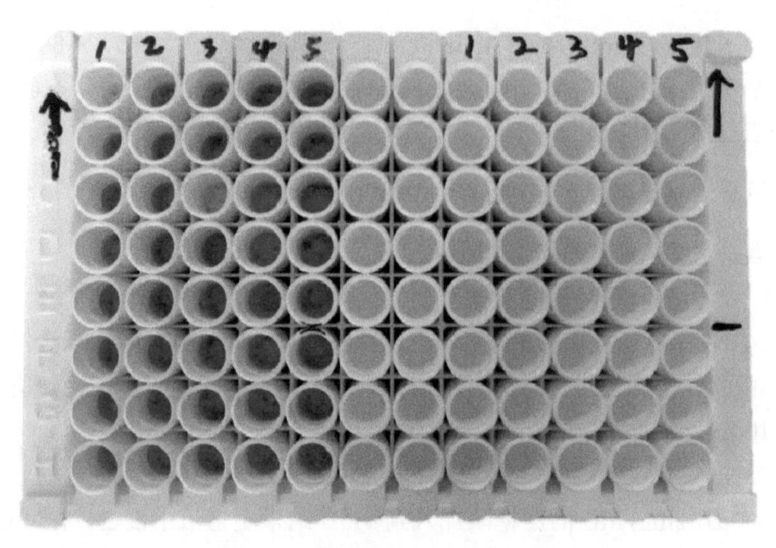

图 3.2.2　实验所用的 96 微孔板

3.2.4　传感器检测性能研究

实验条件对传感器的检测性能有直接影响。在该实验中，很多参数都会影响传感器的最终检测结果，如环境温度、溶液浓度、时间等。为了提高实验的准确性，获取更好的传感器响应特性，课题组对实验条件进行了分析讨论与优化。

3.2.4.1　验证方法可行性

胰岛素是人体内降低血糖的重要激素，在一定的条件下，能将葡萄糖转化为糖原储存起来。在此实验过程中，检测液中会同时存在蔗糖酶和胰岛素，为了验证胰岛素不会改变葡萄糖的浓度，增加了一个实验来排除此种可能性。

设置两组实验，一组做两个样品，分别加入 5mL 0.5mol/L 的蔗糖和 2.5mL 1mg/mL 和 2mg/mL 的蔗糖酶，然后在两个样品中分别加入 100μmol/L 胰岛素，置于 37°C 条件下，经过不同的时间用血糖仪检测溶液的浓度。如图 3.2.3 所示，为血糖仪检测的结果，a 曲线是加入 2mg/mL 的蔗糖酶后检测出溶液中的葡萄糖浓度，b 曲线是加入 1mg/mL 的蔗糖酶的检测结果。由结果可知，加入胰岛素后葡萄糖的浓度几乎不变，持续 12h 后溶液中的葡萄糖浓度依然保持稳定，因此排除了在此方法中胰岛素和蔗糖酶同时存在的时候会改变葡萄糖浓度的可能性，同时也验证了用此理论来检测胰岛素是完全可行的。

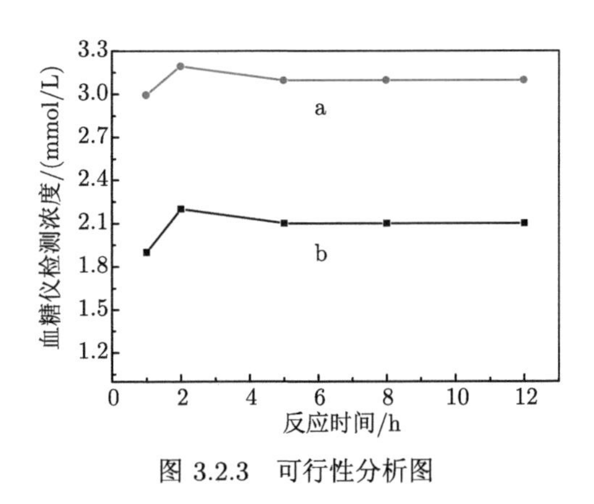

图 3.2.3　可行性分析图

3.2.4.2　特异响应时间影响

在此实验中，DNA1 与纳米金的结合时间、DNA2-蔗糖酶-纳米金探针的形成时间都比较长，很难直接从实验的最终结果表征出它们的结合效果的好坏，但胰岛素与适体的响应时间会直接影响结果的测定。如图 3.2.4 所示为响应时间对胰岛素浓度的影响，该图中我们选取的胰岛素浓度为 300μmol/L，当响应时间低于 120min 时，血糖仪检测信号随着时间增加而不断增大；当响应时间等于 2h 时，检测信号达到最大值；时间低于 180min 时，检测信号基本保持稳定；当响应时间大于 180min 后，检测信号反而开始下降，这是由于响应时间过长，胰岛素很难在长时间内保持性质稳定，且适体与胰岛素结合后也有可能与互补链发生作用力的争夺，从而导致与胰岛素结合的适体量减少。因此我们确定在本实验中胰岛素与适体的响应时间应控制在 120 ~ 180min，时间过长或者过短都会影响实验结果的准确性。这一结论和之前研究荧光适体传感器时，胰岛素与适体的响应时间相吻合。

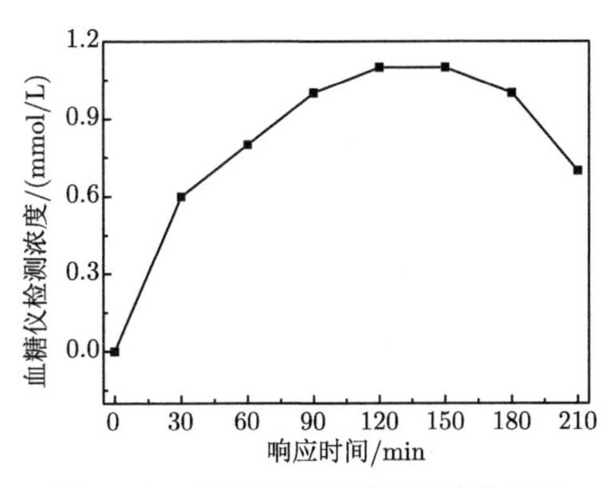

图 3.2.4　响应时间对胰岛素浓度的影响

3.2.4.3　环境浓度影响

在实验中，当振荡培养箱设置的温度低于 37°C 时，胶体金在 96 微孔板上的固定效率明显不好，用肉眼直接观察到纳米金的颜色和形态几乎没有发生变化，直接导致最后的实验失败，没有得出结果。当环境温度高于 37°C 时，会影响适体和酶的活性，因此环境温度必须严格设置在 37°C。

利用这种传感器的检测方法检测胰岛素，还是第一次，并且由于实验周期长，实验条件苛刻，对于胰岛素的很多实验参数都需要去验证和优化，在有限的时间和精力下，我们通过不断改进条件重复做了几次实验，获得了初步的实验成果，很多优化实验后续还要继续进行。

3.2.4.4　传感器响应特性

由于实验周期较长，过程比较复杂，实验步骤繁琐，我们得到的实验数据并不完整，后续还会补充。将目前我们得到的初步实验结果绘制成标准曲线进行分析，如图 3.2.5 所示，得到目标物胰岛素的浓度在 $1\times10^{-4}\sim3\times10^{-4}$mol/L 范围内，溶液中的荧光强度 ($y$) 和胰岛素的浓度 ($x$) 有良好的线性关系，线性回归方程为 $y=0.1+0.0034x$，相关系数 $R=0.96866$，检出限为 100μmol/L。由实验结果可知，此方法用来检测胰岛素是可行的，有望在将来的研究中实现胰岛素的便携和快速现场检测。

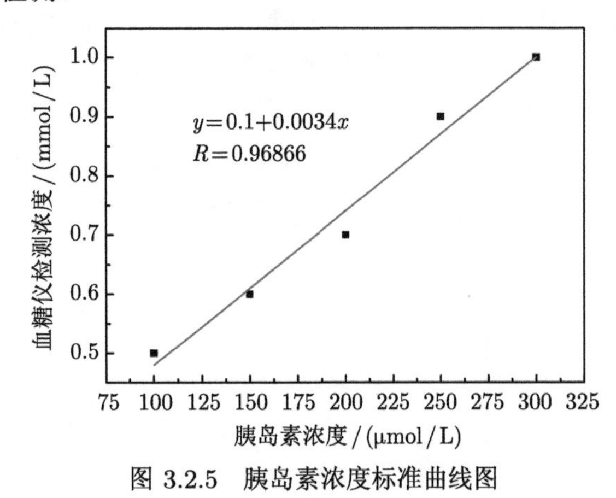

图 3.2.5　胰岛素浓度标准曲线图

3.3　基于血糖仪的电化学适体传感器检测多巴胺

3.3.1　传感器基本原理

核酸适体传感器结合血糖仪检测多巴胺的原理如图 3.3.1 所示。首先将 DNA1

(DA 核酸适体) 固定于修饰有纳米金的 96 微孔板上做捕获探针，再加入纳米金–蔗糖酶-DNA2 检测探针，两者通过碱基互补配对结合。未加入 DA 时，检测探针结合在微孔板上；加入多巴胺，由于核酸适体与 DA 的特异性结合力大于碱基互补配对力，所以检测探针脱离微孔板进入上清液中，其脱离量与加入的 DA 量呈正相关。取出上清液加入蔗糖，蔗糖被检测探针上的蔗糖酶水解为葡萄糖，葡萄糖的量与检测探针的量呈正相关，故建立起葡萄糖与多巴胺之间的线性关系，并通过血糖仪检测葡萄糖浓度来间接检测多巴胺浓度。

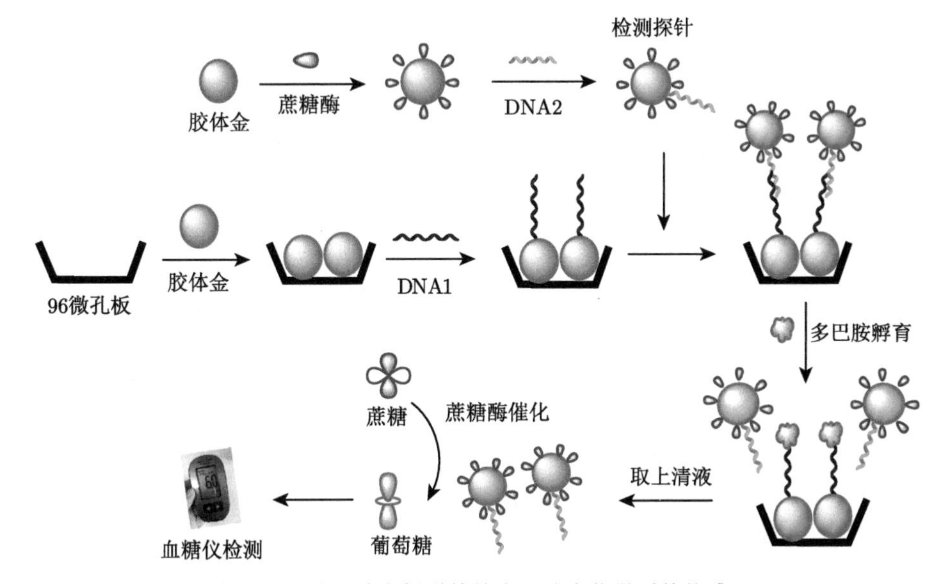

图 3.3.1　基于纳米偶联体的多巴胺电化学适体传感器

3.3.2　所需原材料与仪器

GL-16 II 型离心机购自上海安亭科学仪器厂；HZQ-F20 型振荡培养箱购自北京东联哈尔仪器制造有限公司；07HWS-2 型数显恒温磁力搅拌器购自杭州仪表电机有限公司；电子天平购自梅特勒–托利多仪器有限公司；罗氏血糖仪购自强生医疗器械有限公司。

胶体金溶液 (直径 20nm)、盐酸多巴胺、蔗糖酶购自南京诺唯赞生物科技有限公司；去甲肾上腺素、尿酸和引物购自上海生工生物技术有限公司 (中国)，其中引物：DNA1(DA 核酸适体)：5′-GTC TCT GTG TGC GCC AGA GAA CAC TGG GGC AGA TAT GGG CCA GCA CAG AAT GAG GCC C-$(CH_2)_3$-SH-3′；DNA2(DNA1 的互补链)：5′-GTG TTC TCT GGC GCA CAC AGA GAC ACA

GAA TGA GGC CC-$(CH_2)_3$-SH-3′；实验用水是电阻为 18.2 MΩ 的超纯水；PBS 缓冲液，0.01mol/L，pH 7.3；Tris-醋酸缓冲液，0.01mol/L，pH 5.2；蔗糖溶液 (0.5mol/L) 和蔗糖酶溶液 (1mg/mL)，用 PBS 缓冲液做溶剂配制；TCEP 溶液 (0.01mol/L) 和巯基乙醇溶液 (1mmol/L)，用 Tris-醋酸缓冲液做溶剂配制。

3.3.3 传感器制备方法

1) 捕获探针 DNA1 的固定

96 微孔板作为 DNA1 的固定平台，第一步进行纳米金修饰，第二步进行 DNA1 固定。第一步，微孔中加 50μL 16mol/L 的浓硝酸处理 2h，纯水冲洗 3 次，再加入 100μL 胶体金溶液，37°C 下培养 24h，纯水冲洗 3 次，其中微孔板的材料为聚苯乙烯，具有疏水性，与同为疏水性的纳米金通过疏水作用力结合，而进行浓硝酸处理，使表面被腐蚀，增大了纳米金的固定量。第二步，DNA1 用 TCEP 稀释至 0.5μmol/L，活化 1h，取 100μL 加入微孔中，DNA1 通过 Au—S 键结合于纳米金，37°C 下培养 16h，再加入 50μL 巯基乙醇，37°C 下封闭 1h，最后用 50μL 的 PBS 缓冲液冲洗 3 次，至此完成捕获探针 DNA1 的固定。

2) 纳米金–蔗糖酶-DNA2 检测探针的制备

首先将 500μL 蔗糖酶与 1mL 胶体金混合，4°C 下培养 6h，再加 10μL 20μmol/L DNA2(PBS 缓冲液做溶剂)，37°C 下微振 16h(50r/min)，混合液离心 15min (12000r/min)，离心底物用纯水冲洗 3 次，洗掉未与纳米金结合的蔗糖酶和 DNA2，最后离心底物加入 1mL PBS 溶解，4°C 下保存备用，至此完成纳米金–蔗糖酶-DNA2 检测探针的制备。

3) 多巴胺的检测

将 100μL 检测探针加入到固定有 DNA1 的微孔中，检测探针与捕获探针通过碱基互补配对结合，37°C 下培养 2h，用 PBS 缓冲液冲洗 3 次 (冲洗掉未结合的检测探针)。加入 100μL 不同浓度盐酸多巴胺溶液 (PBS 做溶剂)，37°C 下培养 2h，取出微孔板的上清液，并用 10μL 的 PBS 冲洗两次，将上清液和冲洗液加入离心管，再加入 30μL 的蔗糖溶液，37°C 下培养 30min，取 2μL 最终培养液用血糖仪检测其信号强度。

3.3.4 传感器检测性能研究

3.3.4.1 传感器制备过程优化

由于实验过程涉及生化反应，为了保证反应进行充分，并且在最短的时间内获得较好的实验结果，需对多巴胺孵育时间和蔗糖酶的催化反应时间进行优化。其实验结果如下所示。

1) 多巴胺孵育时间优化

选择 1mmol/L 和 5mmol/L 多巴胺，在不同孵育时间下使用血糖仪检测最终的葡萄糖浓度，对多巴胺孵育时间进行优化，结果如图 3.3.2 所示。30min 之前，信号强度随时间增大而增强，此时 DA 与核酸适体的竞争结合使检测探针脱离捕获探针并催化蔗糖为葡萄糖，检测探针的脱离量随 DA 孵育时间的增大而增多；30min 之后，信号强度逐渐趋于稳定，此时 DA 与核酸适体竞争结合完成，检测探针的脱离量不变，其与多巴胺的孵育时间无关只与 DA 的加入量有关。故多巴胺的孵育时间最短应选择 30min。

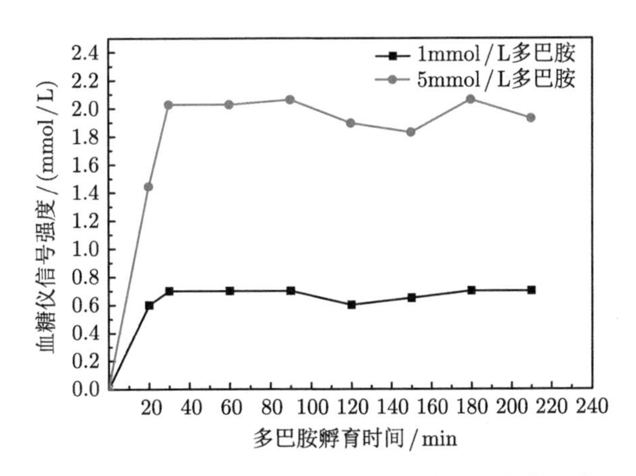

图 3.3.2 多巴胺孵育时间对血糖仪信号强度的影响

2) 蔗糖酶的催化反应时间优化

选择 1mmol/L 和 5mmol/L 多巴胺，在不同催化时间下使用血糖仪检测最终葡萄糖浓度，对蔗糖酶催化时间进行优化，结果如图 3.3.3 所示。120min 之前，信号强度随时间的延长而增大，此时检测探针上的蔗糖酶催化蔗糖生成葡萄糖，葡萄糖的生成量与反应时间有关；120min 之后，信号强度逐渐趋于稳定，此时蔗糖酶完成催化，葡萄糖的生成量与反应时间无关，只与蔗糖酶的量 (检测探针的量) 有关。故蔗糖酶催化反应时间最短应选择 120min。

3.3.4.2 传感器的线性检测范围

在上述实验条件下，加入不同浓度的多巴胺 (0.45mmol/L、0.70mmol/L、1.00mmol/L、1.50mmol/L、2.00mmol/L、2.50mmol/L、4.00mmol/L、5.00mmol/L、10.00mmol/L) 进行检测，结果如图 3.3.4 所示。血糖仪的信号强度与多巴胺浓度在 0.45~10mmol/L 范围内具有良好的线性关系：$y = 0.3436 + 1.1684x$ (其中 y

为血糖仪信号强度，x 为多巴胺浓度)，相关系数 R 为 0.997，检出限 (样品中目标分析物能被准确检出的最小量) 为 0.45mmol/L。

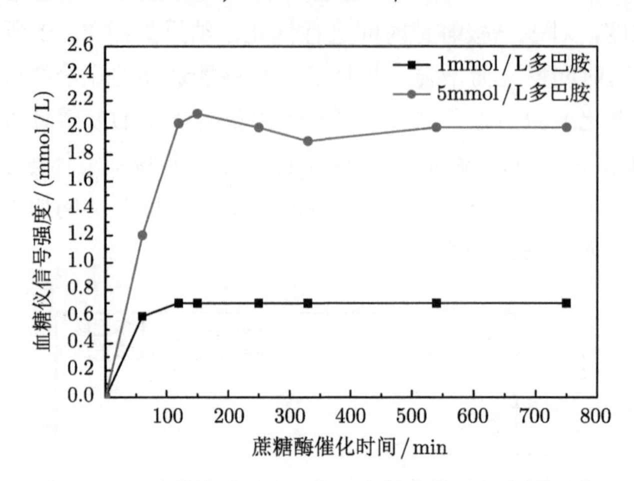

图 3.3.3　酶的催化反应时间对血糖仪信号强度的影响

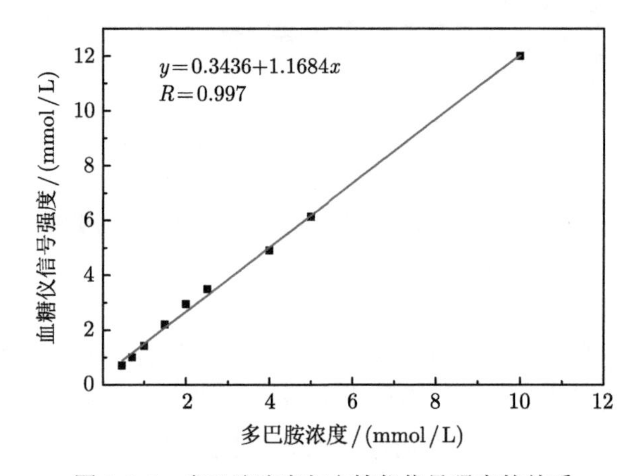

图 3.3.4　多巴胺浓度与血糖仪信号强度的关系

3.3.4.3　传感器的准确性与精确性

使用血糖仪对多巴胺标准曲线 (图 3.3.4) 的高、中、低三个浓度 (8.0mmol/L、3.0mmol/L、0.8mmol/L) 标准液进行测定 (样本数 $n = 5$)，最终的葡萄糖浓度如表 3.3.1 所示。将葡萄糖浓度代入标准曲线计算多巴胺的浓度，结果如表 3.3.2 所示。8.0mmol/L、3.0mmol/L、0.8mmol/L 的多巴胺标准液使用该传感器的检测值分别为：7.940mmol/L、2.958mmol/L、0.838mmol/L，标准差为：$\sim 7.2\%$、$\sim 4.0\%$、$\sim 4.0\%$，相对标准偏差 (RSD) 为：$\sim 0.9\%$、$\sim 1.4\%$、$\sim 4.8\%$。故该

传感器对多巴胺检测具有较好的准确性和精确性，且对高浓度多巴胺检测的 RSD 较小。

表 3.3.1 葡萄糖的测量结果

DH 标准液/(mmol/L)	葡萄糖测量值/(mmol/L)					平均值/(mmol/L)	标准差/%	RSD/%
	测量 1	测量 2	测量 3	测量 4	测量 5			
8.0	9.7	9.6	9.6	9.7	9.5	9.62	8.3666	0.8697
3.0	3.8	3.9	3.8	3.8	3.8	3.82	4.4721	1.1707
0.8	1.3	1.4	1.3	1.3	1.3	1.32	4.4721	3.388

表 3.3.2 多巴胺的测量结果

DH 标准液/(mmol/L)	盐酸多巴胺测量值/(mmol/L)					平均值/(mmol/L)	标准差/%	RSD/%
	测量 1	测量 2	测量 3	测量 4	测量 5			
8.0	8.01	7.92	7.92	8.01	7.84	7.940	7.1764	0.9038
3.0	2.94	3.03	2.94	2.94	2.94	2.958	4.0249	1.3607
0.8	0.82	0.91	0.82	0.82	0.82	0.838	4.0249	4.8030

3.3.4.4 传感器的特异性

选择多巴胺标准曲线 (图 3.3.4) 上的一个浓度 (0.45mmol/L), 在相同实验条件下，检测同浓度的尿酸、去甲肾上腺素、Na^+、K^+ 溶液，结果如图 3.3.5 所示。多巴胺的血糖仪信号强度要明显强于尿酸等干扰物的信号强度，且在实验全程中，采用保鲜膜对微孔板进行物理封闭，减少非特异性背景信号，故该传感器对多巴胺检测具有特异性。

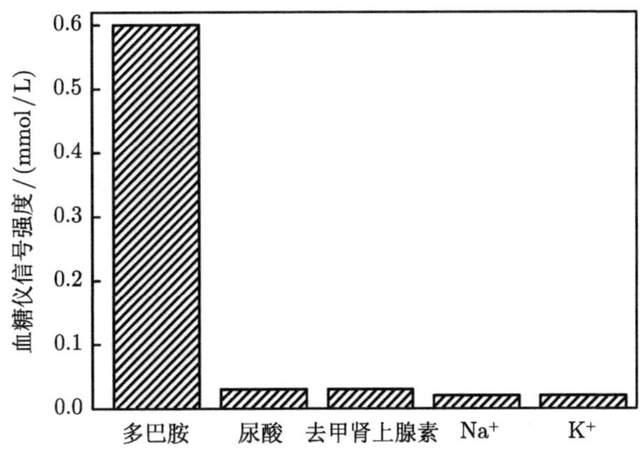

图 3.3.5 多巴胺检测的特异性 (0.45mmol/L)

3.4 本 章 小 结

本章详细阐述了基于血糖仪的电化学适体传感器的检测原理及检测方法。详细讲述了研究传感器特性的整个实验过程，纳米材料的选择及探针的固定等，对部分实验参数的优化，对初步得到的研究成果进行分析，获得了胰岛素传感器的响应特性，线性范围为 $1\times10^{-4}\sim3\times10^{-4}$mol/L，线性相关度为 0.96866，检出限为 100μmol/L，验证了此方法在检测胰岛素方面是完全可以的。之后利用该传感器对多巴胺进行了检测，结果表明，多巴胺孵育时间和蔗糖酶催化时间分别为 30min 和 120min；多巴胺的线性检测范围为 0.45~10mmol/L，相关系数为 0.997，检出限为 0.45mmol/L。对该传感器的准确性和特异性进行实验验证，表明该方法具有选择性好、稳定性高、操作简单的特点，并在环境监测、食品安全的即时检测方面具有应用前景。目前该方法的检测范围还具有一定局限性，这由血糖仪自身制备工艺所限制，未来可以通过实验条件的优化以及采取合理的信号放大等方法来改善。

参 考 文 献

[1] Yan L, Zhu Z, Zou Y, et al. Target-responsive “sweet” hydrogel with glucometer readout for portable and quantitative detection of non-glucose targets[J]. J. Am. Chem. Soc., 2013, 135: 3748-3751.

[2] Xiang Y, Lu Y. Using commercially available personal glucose meters for portable quantification of DNA[J]. Anal. Chem., 2012, 84(4): 1975-1980.

[3] Xu X T, Liang K Y, Zeng J Y. Portable and sensitive quantitative detection of DNA based on personal glucose meters and isothermal circular strand-displacement polymerization reaction[J]. Biosensors and Bioelectronics, 2015, 64: 671-675.

[4] Xiang Y, Lu Y. Using personal glucose meters and functional DNA sensors to quantify a variety of analytical targets[J]. Nature Chemistry, 3(9): 697-703.

[5] Wang Q, Liu F, Yang X H, et al. Using personal uric acid meter and enzyme-DNA conjugate for portable and quantitative DNA detection[J]. Sensors and Actuators B: Chemical, 2013,186: 515-520.

[6] Hun X, Xu Y Q, Xie G L, et al. Aptamer biosensor for highly sensitive and selective detection of dopamine using ubiquitous personal glucose meters[J]. Sensors and Actuators B: Chemical, 2015, 209: 596-601.

[7] Mohapatra H, Phillips S T. Reagents and assay strategies for quantifying active enzyme analytes using a personal glucose meter[J]. Chem. Commun., 2013, 49(55): 6134-6136.

[8] Yang W X, Lu X H, Wang Y C, et al. Portable and sensitive detection of protein kinase activity by using commercial personal glucose meter[J]. Sensors and Actuators B: Chemical, 2015, 210: 508-512.

[9] Xiao X D, Shi L, Guo L H, et al. Determination of dopamine hydrochloride by host-guest interaction based on water-soluble pillar[5]arene[J]. Spectrochimica Acta Part A: Molecular and Biomolecular Spectroscopy, 2017, 173: 6-12.

[10] Wang D L, Xu F, Hu J J, et al. Phytic acid/graphene oxide nanocomposites modified electrode for electrochemical sensing of dopamine[J]. Materials Science and Engineering: C, 2017, 71: 1086-1089.

[11] Wu D, Xie H, Lu H F, et al. Sensitive determination of norepinephrine, epinephrine, dopamine and 5-hydroxytryptamine by coupling HPLC with $[Ag(HIO^6)^2]^{5-}$-luminol chemiluminescence detection[J]. Biomedical Chromatography, 2016, 30(9): 1458-1466.

[12] Welter J, Meyer M R, Kavanagh P, et al. Studies on the metabolism and the detectability of 4-methyl-amphetamine and its isomers 2-methyl-amphetamine and 3-methyl-amphetamine in rat urine using GC-MS and LC-(high-resolution)-MSn[J]. Analytical and Bioanalytical Chemistry, 2014, 406(7): 1957-1974.

[13] An J H, Choi D K, Lee K J, et al. Surface-enhanced Raman spectroscopy detection of dopamine by DNA Targeting amplification assay in Parkisons's model[J]. Biosensors and Bioelectronics, 2015, 67: 739-746.

[14] Zhang W H, Ma W, Long Y T. Redox-Mediated Indirect Fluorescence Immunoassay for the Detection of Disease Biomarkers Using Dopamine-Functionalized Quantum Dots[J]. Analytical Chemistry, 2016, 88(10): 5131-5136.

[15] Zhang H, Zhang H L, Aldalbahi A, et al. Fluorescent biosensors enabled by graphene and graphene oxide[J]. Biosensors and Bioelectronics, 2017, 89(1): 96-106.

[16] Sabet F S, Hosseini M, Khabbaz H, et al. FRET-based aptamer biosensor for selective and sensitive detection of aflatoxin B1 in peanut and rice[J]. Food Chemistry, 2017, 220: 527-532.

[17] 于寒松, 隋佳辰, 代佳宇, 等. 核酸适配体技术在食品重金属检测中的应用研究进展 [J]. 食品科学, 2015, 36(15): 228-233.

[18] 高彩, 杭乐, 廖晓磊, 等. 基于石墨烯和蒽醌-2-磺酸钠的 Pb^{2+} 核酸适体电化学传感器 [J]. 分析化学, 2014, 42(6): 853-858.

[19] Wang Q, Liu F, Yang X H, et al. Sensitive point-of-care monitoring of cardiac biomarker myoglobin using aptamer and ubiquitous personal glucose meter[J]. Biosensors and Bioelectronics, 2015, 64: 161-164.

[20] Su J, Xu J, Chen Y, et al. Sensitive detection of copper(II) by a commercial glucometer using click chemistry[J]. Biosensors and Bioelectronics, 2013, 45: 219-222.

[21] Burda C, Chen X B, Narayanan R, et al. Chemistry and properties of nanocrystals of different shapes[J]. ChemInform, 2010, 36(27): 1025-1102.

[22] Ariyarathna I R, Rajakaruna R M P I, Karunaratne D N. The rise of inorganic nanomaterial implementation in food applications[J]. Food Control, 2017, 77: 251-259.

[23] Zhang M F, Zhao X N, Zhang G H, et al. Electrospinning design of functional nanostructures for biosensor applications[J]. Journal of Materials Chemistry B, 2017, 5(9): 1699-1711.

[24] Gao G, Zhang M, Gong D, et al. The size-effect of gold nanoparticles and nanoclusters in the inhibition of amyloid-β fibrillation[J]. Nanoscale, 2017, 9(12): 4107-4113.

[25] Devi C, Kalita P, Barthakur M. An in-vitro study on the effect of citrate stabilized AuNP on RBC[J]. Materials Today: Proceedings, 2016, 3(10): 3439-3443.

[26] Yang J E, Lu Y X, Ao L, et al. Colorimetric sensor array for proteins discrimination based on the tunable peroxidase-like activity of AuNPs-DNA conjugates[J]. Sensors and Actuators B: Chemical, 2017, 245: 66-73.

[27] Rayalu S S, Jose D, Mangrulkar P A, et al. Photodeposition of AuNPs on metal oxides: Study of SPR effect and photocatalytic activity[J]. International Journal of Hydrogen Energy, 2014, 39(8): 3617-3624.

[28] Chen Y, Xianyu Y, Jiang X. Surface modification of gold nanoparticles with small molecules for biochemical analysis[J]. Accounts of Chemical Research, 2017, 50(2): 310-319.

[29] Liu S, Wang Y, Xu W, et al. A novel sandwich-type electrochemical aptasensor based on GR-3D Au and aptamer-AuNPs-HRP for sensitive detection of oxytetracycline[J]. Biosensors and Bioelectronics, 2017, 88: 181-187.

[30] Jin B R, Wang S R, Lin M, et al. Upconversion nanoparticles based FRET aptasensor for rapid and ultrasenstive bacteria detection[J]. Biosensors and Bioelectronics, 2017, 90: 525-533.

[31] Mao Y, Fan T T, Gysbers R, et al. A simple and sensitive aptasensor for colorimetric detection of adenosine triphosphate based on unmodified gold nanoparticles[J]. Talanta, 2017, 168: 279-285

[32] Emrani A S, Danesh N M, Lavaee P, et al. Colorimetric and fluorescence quenching aptasensors for detection of streptomycin in blood serum and milk based on double-stranded DNA and gold nanoparticles[J]. Food Chemistry, 2016, 190: 115-121.

第 4 章　基于夹心型结构的电化学适体传感器检测黄曲霉毒素 B1

4.1 引　言

4.1.1 黄曲霉毒素 B1 概述

黄曲霉毒素 (aflatoxin，AFT)，被世界卫生组织的有关癌症研究机构划定为 1 类致癌物。到目前为止，已有黄曲霉毒素 B1、B2、M1、M2、P1、G1、G2、Q1 和 H1 等十多种被分离鉴别出来，虽然这些黄曲霉毒素都是二氢呋喃氧杂萘邻酮的衍生物，但是它们的毒性却各不相同，这是由于它们的具体结构不同，其中黄曲霉毒素 B1[1−3](aflatoxin B1，AFB1) 受到人们的重点检测，是由于它的毒性最强，致癌性最强。主要在肝脏部位引起病变，诱导肝癌、食道癌等其他严重疾病的发生。AFB1 的强毒性、高致癌性以及存在的广泛性，不仅对人类健康安全产生严重威胁，同时对畜牧业等也有巨大威胁，所以包括我国在内的众多国家和组织对其制定了控制标准以及检测方法 [4]，如谷物 (小麦和大麦等) 的 AFB1 检测量，在我国目前的标准中为不超过 5μg/kg，而在欧盟更被严格要求不超过 2μg/kg。在实际检测过程中，为了对 AFB1 进行高灵敏度和高特异性检测，需要注意选择合适的检测方法，并采用合理的样品预处理手段。

科研工作者利用 AFB1 的诸多性质 (化学、光学、生物学和物理学等)，结合不同的技术手段 (光谱分析、质谱分析、色谱分析和免疫分析等)，对不同的 AFB1 检测方法进行研究。其中可以对不同黄曲霉毒素进行分离，并对 AFB1 进行定量检测的方法有薄层色谱法 [5−7]，高效液相色谱法 [8−10]，液相色谱-串联质谱法 [11−13] 以及免疫分析方法 [14−17]。

(1) 薄层色谱法，是利用 AFB1 在紫外灯照射下发荧光的特性进行检测的。将其从待测样品中提取出来并净化，然后在薄层板上均匀铺开，使用紫外灯照射，通过 AFB1 发出的荧光强度达到检测目的。该方法具有设备费用低、基层易推广和操作简便的优点，但也存在一些不足，如在 AFB1 的铺展过程中容易受到外界杂质的污染并产生干扰信号，以及精确度不高、检测时间长等。

(2) 高效液相色谱法，是采用高压设备将含有待测物 AFB1 的液体流动相泵入色谱柱内，经过柱内的固定相分离，使用荧光检测器对 AFB1 进行定量检测。具有精确度高、检测效率高的优点，而且通过对柱内固定相的处理和更换，可以对不同的黄曲霉毒素同时检测，但该方法中的高压设备等对检测人员的操作经验具有较高要求。

(3) 液相色谱-串联质谱法，是将液相色谱法的高效分离优点与质谱法的检测精确度高优点相结合，实现 AFB1 的定量检测，与单纯使用一种方法相比，其检测灵敏度和精确度更高，并且不需要进行衍生等复杂处理。该方法同样有着一些不足之处，如设备昂贵，需要检测人员具有专业的操作技能。

(4) 免疫分析方法，主要包括酶联免疫法 [18−20](ELISA)、免疫层析法 [21,22](ICA)、放射免疫法 [23,24](RIA)、免疫荧光法 [25]。使用该类方法检测 AFB1，具有特异性强、检测时间短和操作简单的优点，尤其是利用该类方法开发的 AFB1 商用试剂盒和试纸，使得 AFB1 检测更加方便快捷。但是因为抗体制备成本高，制备步骤繁琐，所以限制了该类方法的进一步发展。

4.1.2 用于检测 AFB1 的核酸适体传感器概述

1) 电化学核酸适体传感器

电化学核酸适体传感器的构造及检测过程主要包括四步：适体固定、适体与目标结合、将电化学信息变化转为可测信号、可测信号的放大显示。研究者针对这四步，提出了各种策略和方法来构建新型的电化学适体传感器 [26]，提高检测的灵敏度和特异性。Evtugyn 等 [27] 针对适体固定过程，用电聚合的中性红和环芳烃修饰玻碳电极，DNA 适体通过共价作用力固定在环芳烃上，来构造新型电化学适体传感器检测 AFB1。针对适体识别目标后导致的电化学信号变化，用了两种方法进行检测：一用循环伏安法 (CV) 测量阴极探针峰值电流的减少；二用电化学阻抗谱法 (EIS) 测量电子转移电阻的增加。检测结果的线性范围分别为：0.1 $\sim$ 100nmol/L 与 0.05 $\sim$100nmol/L；检出限分别为：0.1nmol/L 与 0.05nmol/L。Seok 等 [28] 针对适体的固定，构建了新型的采用比色法检测 AFB1 的核酸适体传感器。其中 DNA 适体与 DNA 型酶裂开的两条 DNA 单链结合，构成 G 四联体，该四联体在氯化铁血红素存在的条件下可以起到过氧物酶的催化作用，并且催化作用有显色反应。当 AFB1 出现并与适体竞争结合时，该 G 四联体裂开，失去催化作用，无显色反应。检测范围为：0.1 $\sim10^4$ng/mL。肉眼的检出限为：0.1ng/mL；吸收光谱法的检出限为：0.054ng/mL。通过肉眼便可观察到颜色变化，使该传感器的使用更加简单和方便。Castillo 等 [29] 针对适体与目标的结合过程，将聚酰胺–树枝状高分子 (PAMAM) 固定在修饰有半胱氨酸 (Cys) 的金电极上来构造新型传感器，进行信号放大。Cys-PAMAM 层与 Cys 层 (半胱氨酸层)，MUA 层 (巯基十一酸层)，MUA-PAMAM 层 (巯基十一酸-聚酰胺层) 等其他固定层相比最适合用来产生灵敏的可再生信号，采用 CV 法和 EIS 法测得线性范围为：0.4 ~ 10nmol/L；检出限为：0.4nmol/L。Zheng 等 [30] 针对电化学信号的放大过程，采用了两重信号放大策略来提高检测的灵敏度，达到对痕量 AFB1 的检测。一重放大用端粒酶来延长固定在纳米金表面的单链 DNA 探针，使信号响应范围相应扩大；二重放大用核酸外切酶 Ⅲ 来水解适体识别 AFB1 后形成的双链 DNA 末端，使结合的 AFB1 分离，重新进入识别-敏感系统，进行信号放大。用 CV 法进行检测，该传感器的线性范围为：$0.6 \times 10^{-4} \sim 100$pg/mL；检出限为：$0.6 \times 10^{-4}$pg/mL。

电化学核酸适体传感器使用的电化学换能器，具有诸多优点，如快速和可靠的响应，与常规测量装置有较好的兼容性，小型化现场应用和低测量成本，近年来吸引了越来越多的关注，研究人员针对其检测过程的 4 个主要步骤，不断进行结构和方法创新来构建新型电化学适体传感器，成为当前的研究热点。

2) 光学核酸适体传感器

光学核酸适体传感器通过换能器将适体与目标物的特异性结合转换为荧光信号的变化，通过荧光信号的变化强度，来计算 AFB1 的浓度。光学核酸适体传感器中较常见的是构建荧光猝灭系统来进行荧光变化测量，进而测量 AFB1 的浓度。Wang 等 [31] 构建了基于纳米金和荧光掺氮碳量子点 (N-CQDs) 的荧光淬灭系统，构建了新型的光学核酸适体传感器。带电的 N-CQDs 通过静电作用力组装在核酸适体与纳米金的耦合物上，量子点的荧光被纳米金高效淬灭，当 AFB1 加入到分析溶液时，其与适体的竞争性结合，将导致量子点脱离纳米金，荧光恢复，荧光增加的强度与加入的 AFB1 浓度呈正相关。检测的线性范围为：5 ~ 2ng/mL；检出限为：5pg/mL。Lu 等 [32] 则采用了基于氧化石墨烯和 CdTe 量子点的荧光猝灭系统，用来检测 AFB1。将 AFB1 核酸适体通过配体变换反应连接到 CdTe 量子点表面，量子点的荧光可以被氧化石墨烯 (GO) 高效猝灭，加入 AFB1 后其荧光恢复，荧光强度可以反映 AFB1 的浓度，分别在磷酸盐缓冲液和花生油中做实验评估。结果表明该传感器具有很好的选择性和较宽的动态响应，在水溶液体系中，检测范围为：3.2nmol/L~ 320μmol/L，检出限为：1nmol/L；在油溶液中，检测范围为：1.6nmol/L~ 160μmol/L，检出限为：1.4nmol/L。采用荧光猝灭系统的光学核酸适体传感器在检测中往往需要使用荧光光谱仪等较昂贵的设备，且需要专业人员操作。Shim 等 [33] 针对在人类疾病诊断、环境危害和食物样品中对霉菌毒素的现场检测要求，研究了一种简单的、快速的、现场的量油尺分析方法，用来检测 AFB1 的浓度。全部检测过程可在 30min 内完成。该分析方法是基于修饰有生物素的 AFB1 适体对目标物和修饰有 cy-5 的互补 DNA 探针的竞争结合作用，将亲和素和 cy-5 的抗体作为捕获剂固定在硝酸纤维素膜的检测线和对照线来构造分析平台，当没有 AFB1 加入时，对照线和检测线都发光，当加入 AFB1 时，对照线仍发光，但是检测线不发光，以此达到快速检测 AFB1 的目的。在最优条件下，对缓冲液中的 AFB1 检测范围为：0.1 ~ 10ng/mL，检出限为：0.1ng/mL；对玉米样品中的 AFB1 的检测范围为：0.3 ~ 10ng/mL，检出限为：0.3ng/mL。对已知 AFB1 浓度的样品进行实验验证，该方法获得的结果与酶联免疫法测得的结果具有很好的一致性。

光学核酸适体传感器凭借操作简单和高灵敏度等特点，在化学和生物医学研究领域被广泛应用。近年来，石墨烯因其优良的化学惰性、便于修饰和抗光漂白的特性，被广泛关注 [34]，因此研究基于石墨烯及其衍生物的荧光适体传感器具有巨大的潜力。

3) PCR 核酸适体传感器

实时荧光定量核酸扩增技术 (RT-qPCR) 是在聚合酶链式反应 (PCR) 体系中加入 Taqman、SYBR Green 等荧光基团，利用荧光信号累积实时监测整个 PCR 扩增反应中每个循环扩增产物量的变化，通过扩增产物的荧光信号达到设定的阈值时所经过的扩增循环次数 (Ct 值) 和标准曲线的分析对起始模板进行定量检测，起始模板数量的对数值与 Ct 值呈线性关系。RT-qPCR 技术的应用，使得传感器的灵敏度明显提高，并且由于操作简单、检测时间短而得到研究人员的关注。研究人员应用该技术先是对代谢产生黄曲霉毒素的菌落数量进行检测，Rodríguez 等 [35] 采用 RT-qPCR 技术，分别利用 Taqman 荧光探针和 SYBR Green 荧光染料作为荧光定量试剂来跟踪与黄曲霉毒素合成有关的 O-甲基转移酶基因，两种方法中该基因的复制数量与 Ct 值都呈现出良好的线性关系，在花生、调味品和腊肠中的检测范围为：1~4log cfu/g；检出限为：1log cfu/g。Levin[36] 对使用 RT-qPCR 技术检测代谢产生黄曲霉毒素的霉菌的多种方法进行了综述。为了进一步直接检测食物中 AFB1 的含量，Babu 等 [37] 结合免疫磁珠和 RT-qPCR 技术构造了新型传感器检测 AFB1，并使得样品的检出限由 10ng/mL 降低到 0.1ng/mL。为进一步提高传感器灵敏度，Guo 等 [38] 利用 RT-qPCR 技术，用适体作识别探针，它的互补单链 DNA 作为 PCR 扩增的模板来产生信号，对被测信号进行有效的放大。在没有 AFB1 出现时，AFB1 适体的互补单链 DNA 通过碱基互补配对结合在固定于 PCR 管中的适体上，加入 AFB1 后，AFB1 与适体的竞争性结合，使得互补的单链 DNA 脱离并进行扩增，进而使阈值循环数增加，变化量与加入的 AFB1 浓度呈正相关，在最优条件下，其检测范围为: 5×10^{-5} ~5ng/mL，检出限为：25fg/mL。该超灵敏的检测技术在对霉菌毒素进行高通量筛选和定量检测方面具有良好的应用前景。

RT-qPCR 技术的使用，使得核酸适体传感器的灵敏度得到很大提高，受到越来越多人们的青睐，它不仅可以实现多通道检测，而且随着检测速度和便携式发展潜力的提高，在疾病诊断和环境监测等领域的现场检测方面将发挥出一定作用。

4.1.3 基于夹心型结构的电化学适体传感器

核酸适体由于成本低、稳定性高、易修饰、易合成等优点被广泛用于各种生物分子检测 [39]。自从 2010 年 AFB1 核酸适体被发现以来 (专利: PCT/CA2010/001292)，相关的 AFB1 核酸适体传感器被广泛研究 [40]，例如，利用电信号变化检测 AFB1 的电化学适体传感器 [41]、利用电致发光 [42]、光致发光 [43]、荧光偏振 [44]、表面等离子共振 [45] 等检测 AFB1 的光学核酸适体传感器等。利用核酸适体传感器检测 AFB1 主要是通过修饰后的核酸适体捕获 AFB1，将捕获信号转换为电信号或光信号，通过电或光信号的变化测量 AFB1 的含量变化。该传感器信号的来源仅依赖于核酸适体与 AFB1 的特异性结合能力 [46]，而实际样品中 AFB1 的浓度非常低，仅靠核酸适体可能捕获能力不足。AFB1 单克隆抗体已被证明可以对 AFB1 进行特异性检测 [47]。为此，有研究者设计了夹心型的测量结构，利用核酸适体与抗体同时捕获被测物，仅使用个人葡萄糖计 (PGM) 就可以实现对宽范围靶标的便携、低成本和定量检测 [48]。本实验构建了基于抗体-AFB1-核酸适体的夹心型结构，通过在适体上分别修饰蔗糖酶，构建基于夹心型结构的电化学适体传感器，具有更强的特异性，检测结果更加精确、定量检测范围更广，体积小、成本低、操作简单。

4.2 基于夹心型结构的电化学适体传感器制备方法

4.2.1 基本原理

基于纳米偶联体的 AFB1 电化学适体传感器的检测原理如图 4.2.1 所示。首先将 AFB1 单克隆抗体固定于 96 微孔板上，再加入不同浓度的 AFB1 待测液，AFB1 与抗体发生特异性结合被固定在板底，然后加入制备好的定量的纳米金–蔗糖酶–适体检测探针，由于核酸适配体与 AFB1 的强亲和力结合，一部分检测探针被 AFB1 固定，形成单克隆抗体-AFB1-检测探针的夹心式结构。加入 AFB1 越多，被固定的纳米金–蔗糖酶–核酸适配体检测探针复合物就越多，上清液中剩余的上清液中剩余的纳米金–蔗糖酶–核酸适配体检测探针复合物就越少，而剩余的纳米金–蔗糖酶–核酸适配体检测探针复合物的量与 AFB1 的量呈负相关，并随上清液被取出。过量蔗糖加入上清液后，其被纳米金–蔗糖酶–核酸适配体检测探针复合物上的蔗糖酶水解为葡萄糖，生成葡萄糖的量与剩余纳米金–蔗糖酶–核酸适配体检测探针复合物的量呈正相关，故可建立起葡萄糖浓度与 AFB1 浓度之间的线性关系，通过血糖仪检测最终葡萄糖的浓度达到间接检测 AFB1 浓度的目的。

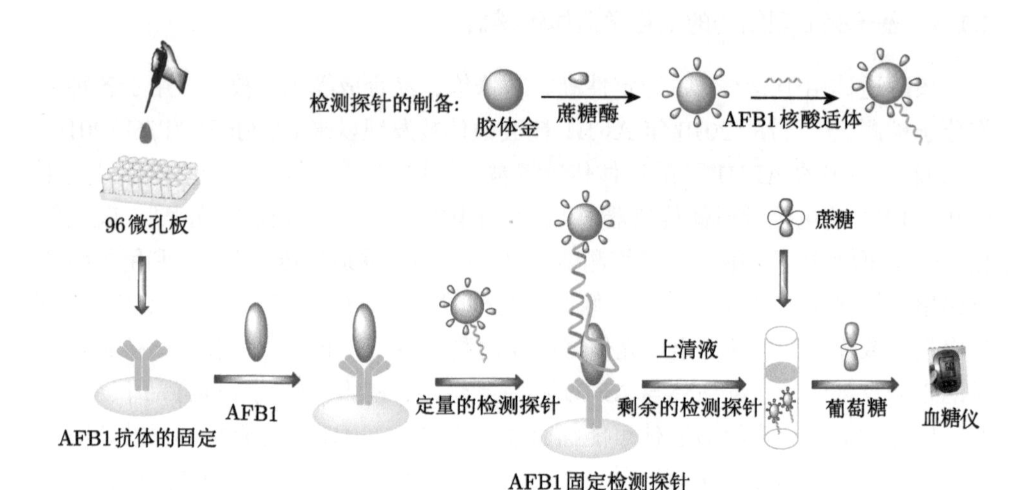

图 4.2.1 基于纳米偶联体的 AFB1 电化学适体传感器

4.2.2 所需原材料与仪器

GL-16 II 型离心机 (上海安亭科学仪器厂)；HZQ-F200 型振荡培养箱 (北京东联哈尔仪器制造有限公司)；07HWS-2 数显恒温磁力搅拌器 (杭州仪表电机有限公司)；电子天平 (梅特勒–托利多仪器 (上海) 有限公司)；罗氏血糖仪 (强生 (中国) 医疗器械有限公司)。

AFB1 核酸适体购自上海生工生物技术有限公司 (中国)，序列为：5′-SH-AAA AAA GTT GGG CAC GTG TTG TCT CTC TGT GTC TCG TGC CCT TCG CTA GGC CCA CA-3′；TCEP：2.5mmol/L，pH=5.0，用 Tris-醋酸作溶剂溶解；PBS 缓冲液：0.01mmol/L。

PBST 溶液：含有 0.05%吐温-20 的 PBS；BSA 封闭缓冲液 (1%)；AFB1 单克隆抗体: 用 PBS 配置成浓度为 0.1μg/mL；AFB1：使用 10%甲醇-PBS 溶解；实验用水是电阻为 18.2MΩ 的超纯水。

4.2.3 传感器制备方法

1) 纳米金–蔗糖酶–核酸适体检测探针的制备

首先将 500μL 2mg/mL 的蔗糖酶加入到 1mL 胶体金中混合，4°C 保存 6h，制备纳米金–蔗糖酶混合物；然后将激活后的 AFB1 核酸适体取 10μL 与上述纳米金–蔗糖酶混合，在振荡培养箱中培养 16h(37°C，50r/min)，其中注意核酸适体的取用，先将位于管壁的核酸适体固体粉末离心，使其聚集到底部，防止打开时洒出，再加入相应体积的 TCEP 配置成 100μmol/L 的浓度，激活 2h；最后取出三者混合物，离心 20min(14000r/min)，取出上清液并将剩余的离心底物用 100μL PBS 溶液冲洗 3 次 (将未结合的适体和蔗糖酶去除)，再将离心底物加入 1mLPBS 溶解，制备纳米金–蔗糖酶–核酸适体检测探针，4°C 保存，留待备用。

2) AFB1 单克隆抗体的固定

首先将 100μL AFB1 单克隆抗体 (0.1μg/mL) 加入到 96 微孔板上，4°C 下固定 12h；然后用 150μL PBST 溶液冲洗 3 次，再加入 100μL BSA(1%) 溶液，室温下封闭 1h，封闭非特异性结合位点；用 150μL PBS 溶液冲洗 3 次后，完成单克隆抗体在 96 微孔板上的固定。

3) AFB1 的检测

首先在固定好抗体的孔板中，加入 200μL 不同浓度的 AFB1 缓冲液 (0，0.5ng/mL，1ng/mL，5ng/mL，10ng/mL)，37°C 下孵育 1h，其中 0 作为空白对照，AFB1 与固定在微孔板底的单克隆抗体特异性结合，AFB1 浓度越大，固定在底部的越多；然后用 200μL PBS 冲洗 3 次后，加入制备好的纳米金–蔗糖酶–核酸适体检测探针 100μL，37°C 下反应 2h，结合在抗体上的 AFB1 与检测探针上的 AFB1 核酸适体也发生高效特异性结合，形成了单克隆抗体-AFB1-检测探针的夹心式结构，AFB1 越多，结合的检测探针就越多，上清液中的检测探针就越少；将上清液吸出，并用 10μLPBS 冲洗微孔板两次，将上清液和冲洗液同时放入离心管中，加入 30μL 的蔗糖溶液 (1mol/L)，37°C 下培养 30min 后，取出 2μL 用血糖仪检测葡萄糖浓度 (蔗糖被检测探针上的蔗糖酶水解为葡萄糖)。

4.3 基于夹心型结构的电化学适体传感器的检测性能研究

4.3.1 传感器的线性检测范围

对不同浓度 AFB1 进行检测，其血糖仪的信号强度如图 4.3.1 所示。当 AFB1 浓度为 0ng/mL 时，血糖仪的信号强度最大。随着 AFB1 浓度的增加，血糖仪的信号值在逐步减小。当 AFB1 浓度在 $0.5 \sim 5$ng/mL 范围时，血糖仪的信号值有一个良好的线性关系，如图 4.3.2 所示，AFB1 浓度与血糖仪信号强度的线性关系为：$y = 1.546 - 0.186x$，其中 y 为血糖仪信号强度，x 为 AFB1 浓度，相关系数 R^2 为 0.99；AFB1 线性检测范围为：$0.5 \sim 5$ng/mL，检出限为：0.5ng/mL。

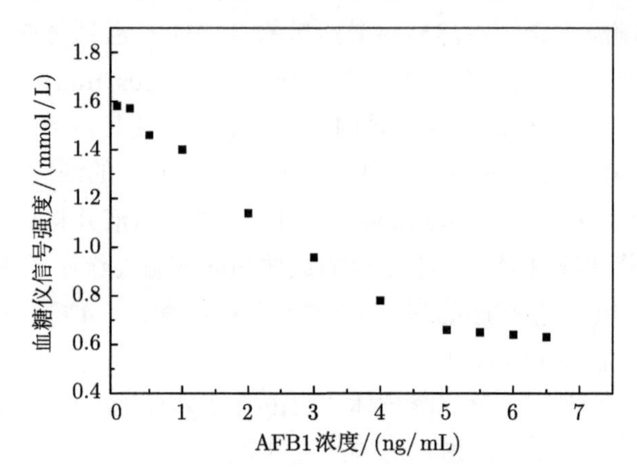

图 4.3.1　不同浓度的 AFB1 血糖仪检测信号

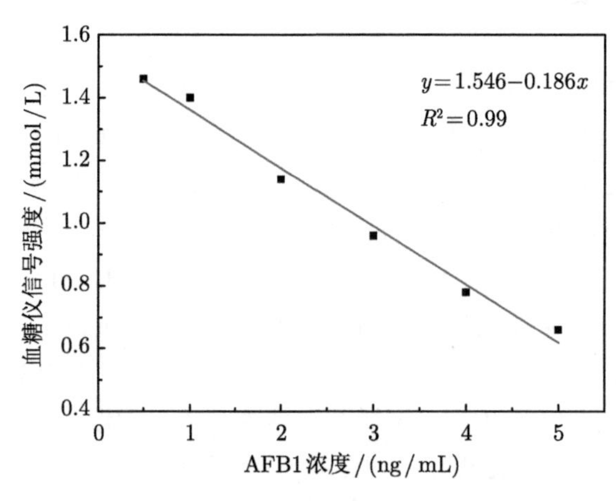

图 4.3.2　AFB1 的线性检测范围

由于上清液中剩余的纳米金–蔗糖酶–核酸适配体检测探针复合物的量与 AFB1 的量成负相关，也就是说如果待测物的浓度越低，则上清液中剩余的纳米金–蔗糖酶–核酸适配体检测探针复合物的量就越多，那么被蔗糖酶水解的葡萄糖的量也就越多，得到的血糖仪的信号值也就越强。所以采用该检测方法，可以检测出较低浓度的待测物中 AFB1，相对来说，该方法对 AFB1 的定量检测范围更广。

4.3.2 传感器的特异性分析

为了验证该传感器的特异性，分别对不同浓度的 AFB1、赭曲霉毒素 A 和玉米赤霉烯酮进行检测，结果如图 4.3.3 所示。赭曲霉毒素 A 和玉米赤霉烯酮的血糖仪信号值随着被测物浓度的增大几乎不变，且与空白对照组的血糖仪检测值没有明显差异，而 AFB1 的血糖仪信号值随着浓度的增大而降低，且在 0.5 ~ 5ng/mL 范围内呈线性变化。这是由于 AFB1 的核酸适体除了与 AFB1 特异性结合之外，不会与其他两种毒菌毒素结合，因此该方法可以实现对 AFB1 的特异性检测，而不识别其他的毒菌毒素。

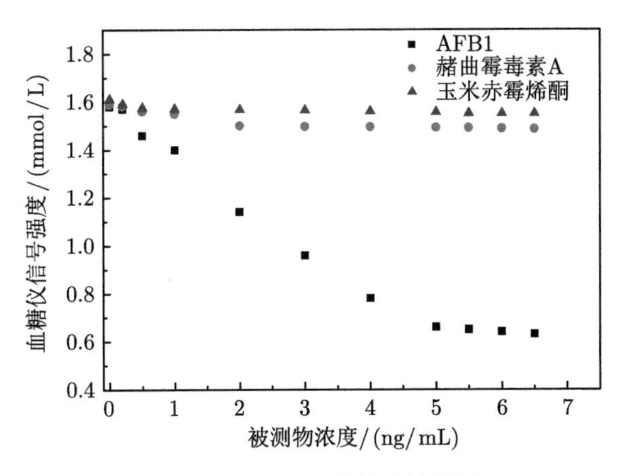

图 4.3.3 AFB1 的特异性检测

4.4 本 章 小 结

本章主要构建了一种夹心型的基于纳米偶联体的电化学适体传感器，并通过对 AFB1 的检测对其性能进行研究。采用纳米金–蔗糖酶–适体作为检测探针，以单克隆抗体作为捕获剂，根据加入靶目标 AFB1 后形成检测探针–靶目标–捕获剂的夹心型结构，构建基于纳米偶联体的 AFB1 电化学适体传感器。实验结果表明该传感器具有良好的传感性能，线性检测范围为 0.5 ~ 5ng/mL，线性相关度为 0.99，检出限为 0.5ng/mL。在该传感器构建原理的启发下，通过改变检测探针，利用碳量子点–核酸适体检测探针，构建了一种新型的 AFB1 适体传感器，并对其性能进行了初步研究。

参考文献

[1] Hove M, van Poucke C, Njumbe-Ediage E, et al. Review on the natural co-occurrence of AFB1 and FB1 in maize and the combined toxicity of AFB1 and FB1[J]. Food Control, 2016, 59: 675-682.

[2] Poapolathep S, Imsilp K, Machii K, et al. The effects of curcumin on aflatoxin B1-induced toxicity in rats[J]. Biocontrol Science, 2015, 20(3): 171-177.

[3] Aiko V, Prasad E, Mehta A. Decomposition and detoxification of aflatoxin B-1 by lactic acid[J]. Journal of the Science of Food and Agriculture, 2016, 96(6): 1959-1966.

[4] Liu J, Sun L H, Zhang G C, et al. Aflatoxin B1, zearalenone and deoxynivalenol in feed ingredients and complete feed from central China[J]. Food Additives and Contaminants: Part B, 2016, 9(2): 91-97.

[5] Wankhede S B, Mahajan A, Chitlange S. A simple TLC-densitometric method for the estimation of labetalol hydrochloride in tablets[J]. Journal of Planar Chromatography-Modern TLC, 2012, 25(2): 145-149.

[6] Hoeltz M, Welke J E, Noll I B, et al. Photometric procedure for quantitative analysis of aflatoxin B1 in peanuts by thin-layer chromatography using charge coupled device detector[J]. Química Nova, 2010, 33(1): 43-47.

[7] de Castro L, Vargas E A. Determining aflatoxins B1, B2, G1 and G2 in maize using florisil clean up with thin layer chromatography and visual and densitometric quantification[J]. Ciência E Tecnologia De Alimentos, 2001, 21(1): 115-122.

[8] Hepsag F, Golge O, Kabak B. Quantitation of aflatoxins in pistachios and groundnuts using HPLC-FLD method[J]. Food Control, 2014, 38: 75-81.

[9] Sadegh M, Sani A M, Ghiasvand R. Determination of aflatoxin B1 in animal feed in Mashhad, Iran[J]. Bio Technology, 2013, 7(9): 334-336.

[10] Li W G, Xu K L, Xiao R, et al. Development of an HPLC-based method for the detection of aflatoxins in Pu-erh tea[J]. International Journal of Food Properties, 2015, 18(4): 842-848.

[11] Han Z, Zhao Z Y, Song S Q, et al. Establishment of an isotope dilution LC-MS/MS method revealing kinetics and distribution of co-occurring mycotoxins in rats[J]. Analytical Methods, 2012, 4(11): 3708-3717.

[12] 康绍英, 周兴旺, 张继红, 等. 液相色谱-串联质谱法同时检测食品中的 4 种黄曲霉毒素 [J]. 食品与机械, 2013, 29(2): 77-82.

[13] Eshelli M, Harvey L, Edrada E R, et al. Metabolomics of the bio-degradation process of aflatoxin B1 by actinomycetes at an initial pH of 6.0[J]. Toxins, 2015, 7(2): 439-456.

[14] Nardo F D, Alladio E, Baggiani C, et al. Colour-encoded lateral flow immunoassay for the simultaneous detection of aflatoxin B1 and type-B fumonisins in a single test line[J]. Talanta, 2019, 192: 288-294.

[15] Lin Y X, Zhou Q, Tang D P. Dopamine-loaded liposomes for in-situ amplified photoelectrochemical immunoassay of AFB1 to enhance photocurrent of Mn^{2+}-doped $Zn_3(OH)_2V_2O_7$ nanobelts[J]. Analytical Chemistry, 2017, 89(21): 11803-11810.

[16] Xie G, Zhu M, Liu Z J, et al. Development and evaluation of the magnetic particle-based chemiluminescence immunoassay for rapid and quantitative detection of aflatoxin B1 in foodstuff[J]. Food and Agricultural Immunology, 2018, 29(1): 564-576.

[17] Xie H Z, Dong J, Duan J L, et al. Magnetic nanoparticles-based immunoassay for aflatoxin B1 using porous g-C3N4 nanosheets as fluorescence probes[J]. Sensors & Actuators B: Chemical, 2019, 278: 147-152.

[18] Aghaie A, Aaskov J, Chinikar S, et al. Frequency of west nile virus infection in iranian blood donors[J]. Indian Journal of Hematology and Blood Transfusion, 2016, 32(3): 343-346.

[19] Grossmann K, Röber N, Hiemann R, et al. Simultaneous detection of celiac disease-specific IgA antibodies and total IgA[J]. Autoimmunity Highlights, 2016, 7(1): 2.

[20] Liu J W, Lu C C, Liu B H, et al. Development of novel monoclonal antibodies-based ultrasensitive enzyme-linked immunosorbent assay and rapid immunochromatographic strip for aflatoxin B1 detection[J]. Food Control, 2016, 59: 700-707.

[21] Ren M L, Xu H Y, Huang X L, et al. Immunochromatographic assay for ultrasensitive detection of aflatoxin B1 in maize by highly luminescent quantum dot beads[J]. ACS Applied Materials and Interfaces, 2014, 6(16): 14215-14222.

[22] Li X, Li P W, Zhang Q, et al. Multi-component immunochromatographic assay for simultaneous detection of aflatoxin B1, ochratoxin A and zearalenone in agro-food[J]. Biosens. Bioelectron., 2013, 49: 426-432.

[23] Hum G, Wooler K, Lee J, et al. Cyclic five-membered phosphinate esters as transition state analogues for obtaining phosphohydrolase antibodies[J]. Canadian Journal of Chemistry, 2000, 78(5): 642-655.

[24] Wu Z J, Zhang Y X. Radioimmunoassay of antiarrhythmic peptide and its application[J]. Journal of Huazhong University of Science and Technology, 2003, 23(1): 44-47.

[25] Zhang B Y, Song H X, Chen T, et al. A microfluidic platform for multi-antigen immunofluorescence assays[J]. Applied Mechanics and Materials, 2011, 108(1): 200-205.

[26] 姜利英, 陈青华, 王云龙, 等. 用于检测小分子靶标的电流型适体传感器研究进展 [J]. 郑州轻工业学院学报: 自然科学版, 2011, 26(2): 56-59.

[27] Evtugyn G, Porfireva A, Stepanova V, et al. Electrochemical aptasensor based on polycarboxylic macrocycle modified with neutral red for aflatoxin B1 detection[J]. Electroanalysis, 2014, 26(10): 2100-2109.

[28] Seok Y, Byun J Y, Shim W B, et al. A structure-switchable aptasensor for aflatoxin B1 detection based on assembly of an aptamer/split DNA zyme[J]. Analytica Chimica Acta, 2015, 886: 182-187.

[29] Castillo G, Spinella K, Poturnayová A, et al. Detection of aflatoxin B1 by aptamer-based biosensor using PAMAM dendrimers as immobilization platform[J]. Food Control, 2015, 52: 9-18.

[30] Zheng W L, Teng J, Cheng L, et al. Hetero-enzyme-based two-round signal amplification strategy for trace detection of aflatoxin B1 using an electrochemical aptasensor[J]. Biosensors and Bioelectronics, 2016, 80: 574-581.

[31] Wang B, Chen Y, Wu Y, et al. Aptamer induced assembly of fluorescent nitrogen-doped carbon dots on gold nanoparticles for sensitive detection of AFB1[J]. Biosens Bioelectron, 2015, 78: 23-30.

[32] Lu Z S, Chen X J, Wang Y, et al. Aptamer based fluorescence recovery assay for aflatoxin B1 using a quencher system composed of quantum dots and graphene oxide[J]. Microchimica Acta, 2015, 182(3-4): 571-578.

[33] Shim W B, Kima M J, Muna H, et al. An aptamer-based dipstick assay for the rapid and simple detection of aflatoxin B1[J]. Biosens. Bioelectron., 2014, 62: 288-294.

[34] 姜利英, 肖小楠, 周鹏磊, 等. 基于氧化石墨烯荧光适体传感器的胰岛素检测 [J]. 分析化学, 2016, 44(2): 310-314.

[35] Rodríguez A, Rodríguez M, Luque M, et al. Real-time PCR assays for detection and quantification of aflatoxin-producing molds in foods[J]. Food Microbiol., 2012, 31(1): 89-99.

[36] Levin R E. PCR detection of aflatoxin producing fungi and its limitations[J]. International Journal of Food Microbiology, 2012, 156(1): 1-6.

[37] Babu D, Muriana P M. Sensitive quantification of aflatoxin B1 in animal feeds, corn feed grain, and yellow corn meal using immunomagnetic bead-based recovery and real-time immunoquantitative-PCR[J]. Toxins, 2014, 6(12): 3223-3237.

[38] Guo X D, Wen F, Zheng N, et al. Development of an ultrasensitive aptasensor for the detection of aflatoxin B1[J]. Biosens. Bioelectron., 2014, 56: 340-344.

[39] Park K.S. Nucleic acid aptamer-based methods for diagnosis of infections(Review)[J]. Biosensors and Bioelectronics, 2018, 102: 179-188.

[40] Beheshti-Marnani A, Hatefi-Mehrjardi A, Es'haghi Z. A sensitive biosensing method for detecting of ultra-trace amounts of AFB1 based on "Aptamer/reduced graphene oxide" nano-bio interaction[J]. Colloids and Surfaces B: Biointerfaces, 2019, 175: 98-105.

[41] Zhang B, Lu Y, Yang C N, et al. Simple "signal-on" photoelectrochemical aptasensor for ultrasensitive detecting AFB1 based on electrochemically reduced graphene oxide/poly(5-formylindole)/Au nanocomposites[J]. Biosensors & Bioelectronics, 2019, 134: 42-48.

[42] Wu L, Ding F, Yin W M, et al. From electrochemistry to electroluminescence: development and application in a ratiometric aptasensor for aflatoxin B1[J]. Analytical Chemistry, 2017, 89(14): 7578-7585.

[43] Li Y P, Sun L L, Zhao Q. Development of aptamer fluorescent switch assay for aflatoxin B1 by using fluorescein-labeled aptamer and black hole quencher 1-labeled complementary DNA[J]. Analytical and Bioanalytical Chemistry, 2018, 410(24): 6269-6277.
[44] Sun L L, Zhao Q. Direct fluorescence anisotropy approach for aflatoxin B1 detection and affinity binding study by using single tetramethylrhodamine labeled aptamer[J]. Talanta, 2018, 189: 442-450.
[45] Wu W B, Zhu Z L, Li B J, et al. A direct determination of AFBs in vinegar by aptamer-based surface plasmon resonance biosensor[J]. Toxicon, 2018, 146: 24-30.
[46] Ma X Y, Wang W F, Chen X J, et al. Selection, identification, and application of aflatoxin B1 aptamer[J]. European Food Research and Technology, 2014, 238(6): 919-925.
[47] Ertekin O, Ozturk S, Ozturk Z Z. Label free QCM immunobiosensor for AFB1 detection using monoclonal IgA antibody as recognition element[J]. Sensors, 2016, 16(8): 1274.
[48] 陆艺, 向宇. 用于检测和定量宽范围分析物的个人葡萄糖汁, CN 103025885 B[P]. 2016.

第 5 章　基于氧化石墨烯的荧光共振适体传感器研究

5.1 引　　言

5.1.1 石墨烯概述

新型纳米材料随着纳米技术发展不断涌现，与此同时新型纳米材料如石墨烯及其衍生物也不断用于构建修饰适体传感器。石墨烯 [1] 作为一种单层碳原子的二维纳米材料，其 sp2 的杂化轨道是其骨架结构，它的平面呈六角形蜂巢晶格，是目前已知的最坚硬也是最薄的纳米材料。因石墨烯家族独特的物化特性，如极高的比表面积、良好的热电传导性、高机械强度等优点，它已经成为各国科学家研究的热点。氧化石墨烯 (GO)[2] 是石墨烯的众多衍生物的一种，GO 不但具备了石墨烯的众多优点，而且其表面含有很多活性氧功能基团，如羧基、羟基和环氧基团。这使得 GO 能在水中很好地分散且具有稳定性 (图 5.1.1)，从而使得 GO 拥有了很好的生物学应用。

图 5.1.1　实验用 GO 溶液

GO 是石墨由化学方法氧化还原后的产物，可以看作一种非传统型态的软性材料，具备聚合物、胶体、薄膜以及两性分子的多种良好特性。很长时间以来 GO 被认为是亲水性物质，因为其在水中具有良好的分散性。但 GO 实际上是两亲性的，从材料边缘到中央亲水性逐渐减弱，疏水性逐渐增强。因而 GO 是存在界面的，并具有降低界面能量的性质。GO 具有较高的比表面积和丰富的含氧官能团，与其相关的复合材料包括诸如聚合物类复合材料以及无机物类复合材料，且这些材料具有比较广泛的应用。

5.1.2 荧光分析原理

当光照射到某些物质的时候，这些物质会发射出各种颜色和不同强度的可见光，而当无光照射时，这种光线也随之很快地消失，这就是荧光现象。荧光分析是由某些物质经照射后发出荧光，根据荧光信号的强弱以进行物质检测的定性分析和定量分析。荧光定量分析是根据试样溶液所发生的荧光强度的改变来测定试样溶液中荧光物质含量的。荧光分析法的灵敏度不仅与溶液浓度有关，而且与激发光照射强度及荧光分光光度计的灵敏度有关。荧光分析法的特点是分辨力高、操作简便、取样简单和分析样用量少等。

某些物质分子吸收了一定波长的光能之后，基层电子会发生跃迁，它们会由基态变为激发态。随后它们又跃迁回到第一激发态的最低振动能级，再由下降到基态的各个振动能级，同时发射出比原来所吸收的频率更低，波长更长的光能。光子被一个分子吸收的形式是单一的、且作用几乎是瞬息的。荧光往往涉及两种作用过程和两个光子，即吸收过程和发射过程。虽然每一种过程实际上都是瞬间的，但在过程之间也存在一定的时间间隔 (约为 10^{-8}s)。这段时间里分子处于电子激发态的时间间隔是可变的，因为它依据的是荧光去活化的各种非辐射猝灭过程。这些非辐射猝灭过程的效率取决于分子所处的环境因素，辐射的强度也与环境有关。

实验所用荧光分光光度计 F-7000 检测原理如图 5.1.2，该荧光分光光度计通常是由激发光源、单色器、样品池、信号检测系统和信号检测处理系统组成的。光源发出光后经过第一单色器得到所需要的激发光，然后照射到样品池的样品上。因一部分光被荧光物质吸收和散射，所以其投射光强比入射光强度要低。荧光物质被激发后，将向各个方向发射荧光。为了消除入射光和散射光的影响，将荧光分析仪检测器安装在与激发光成直角的方向上。为了消除可能存在的其他光线的干扰，如有激发光产生的反射光、Rayleigh 散射光和 Raman 光，以及将溶液中杂质所发出的荧光滤去，以获得所需要的荧光，在样品池和检测器之间设置了第二单色器。荧光照射到检测器上，得到相应的电信号，经放大后再用记录仪或计算机记录下来。

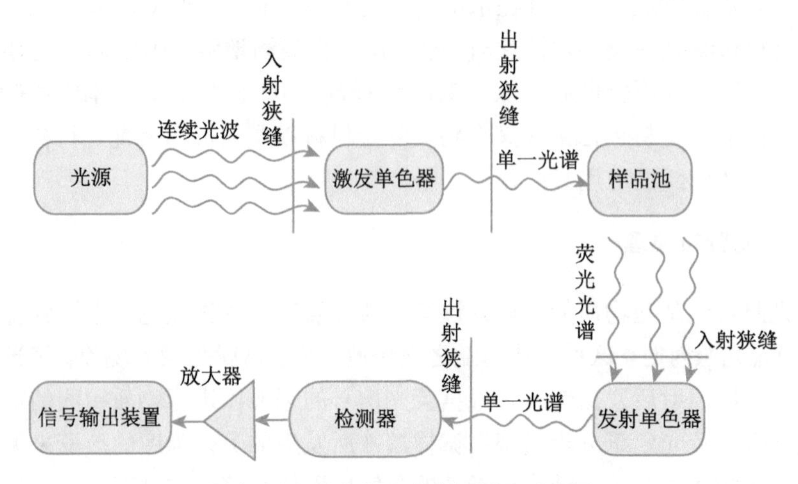

图 5.1.2 荧光分光光度计原理示意图

5.1.3 基于氧化石墨烯的荧光共振适体传感器

纳米材料 GO 是由氧化石墨发生剥离而形成的氧化形式的石墨烯单片，是石墨烯的一种衍生物，结构与石墨烯相似，只是在二维基面上和边缘处连有一些含氧官能团。以石墨为原料制备氧化石墨，再制备 GO 或石墨烯，成本低、产量高。GO 由于在其表面具有含氧官能团，除其主要的导热性能优良外，还赋予 GO 一些独特性质。GO 具有强烈的吸附作用，能够吸附标记有荧光基团 FAM 的单链 DNA，根据荧光共振能量转移理论，并将 FAM 上的荧光基团转移到石墨烯上，并以热的形式发出，荧光得以猝灭。

在研究荧光适体传感器时，由于 GO 具备了纳米材料的优良特性，结合纳米材料 GO 作为荧光猝灭剂，可以提高荧光适体传感器的线性范围和灵敏度。荧光适体传感器的检测原理如图 5.1.3 所示：将荧光基团标记在核酸适体的 $3'$ 端，荧光基团本身在溶液中发出荧光，当加入 GO 后，由于其具有强烈的吸附作用，将核酸适体吸附，并使核酸适体标记的荧光猝灭。当加入目标物后，目标物与适体之间的作用力大于 GO 的吸附力，核酸适体从 GO 表面游离，与目标物结合，溶液中的荧光强度得以恢复，根据溶液中的荧光强度的变化可以确定目标物的浓度。

荧光适体传感器兼具荧光检测的高灵敏性和适体传感器的高选择性，还具有操作简单、成本低等优点，是近年来生物传感器的重点发展方向之一。其中通过荧光基团 (供体) 和猝灭剂 (受体) 构建的基于荧光共振能量转移的适体传感器是最为普遍的荧光适体传感器。而 GO 作为典型的猝灭剂，已被越来越多地用于荧光共振型传感器的构建。为了深入了解荧光适体传感器的特点，项目组以 GO 作为能量受体，以标记 FAM 荧光基团的核酸适体作为能量供体，分别以多巴胺、ATP、胰岛素为检测对象，分析了荧光适体传感器的检测性能，尤其是灵敏度的影响因素。

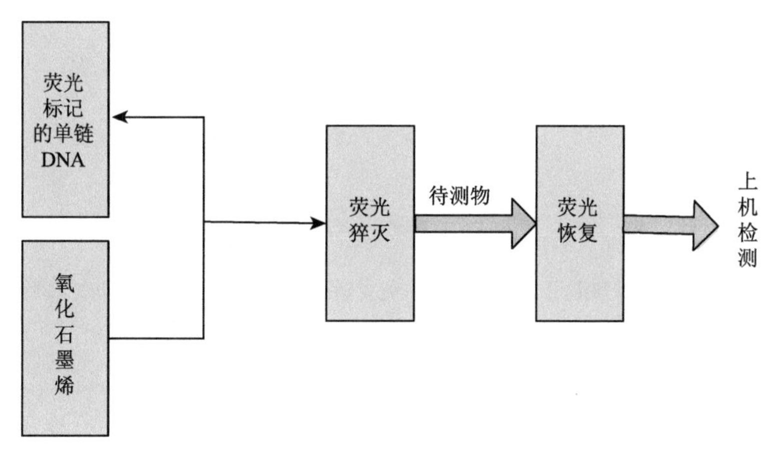

图 5.1.3 荧光适体传感器检测原理示意图

5.2 基于氧化石墨烯的荧光适体传感器检测三磷酸腺苷

5.2.1 基本原理

本实验是通过一种基于荧光共振能量转移的荧光传感器快速检测 ATP 的方法。通过优化检测影响荧光猝灭的参数，获得了较宽的检测范围和较高的 ATP 检测限。ATP 检测原理如图 5.2.1 所示。在 FAM 修饰的核酸适配体溶液中加入 GO，由于荧光共振能量的转移，FAM 的荧光强度会显著降低。加入目标后，该核酸适配体由于与靶目标分子的高选择性结合将首先与靶目标分子结合，导致 FAM 与 GO 解离，荧光恢复。恢复的荧光强度的强弱与靶目标分子的浓度有关。

图 5.2.2 显示了 FAM-DNA、FAM-DNA+GO、FAM-DNA+GO+ATP 的荧光光谱图。FAM 的荧光强度随 GO (10μg/mL，900μL) 的加入而急剧下降，这是因为在 GO 溶液中加入 FAM-DNA，由于 $\pi-\pi$ 堆积作用，单链核酸适体会尽量平铺在 GO 表面 [3]，荧光基团 FAM 与 GO 距离过近而发生能量共振转移现象，荧光猝灭。而加入被测物后，由于核酸适体和被测物的高选择性结合，核酸适体脱离 GO，修饰在核酸适体上的 FAM 也因远离 GO 而产生荧光恢复现象，恢复光的强度与加入被测物的浓度呈线性关系。当加入 ATP (1μm，100μL) 时，ATP 与其核酸适体有高度特异性结合能力。FAM-DNA 与 GO 表面分离，荧光强度恢复，恢复的荧光强度与 ATP 浓度有关。

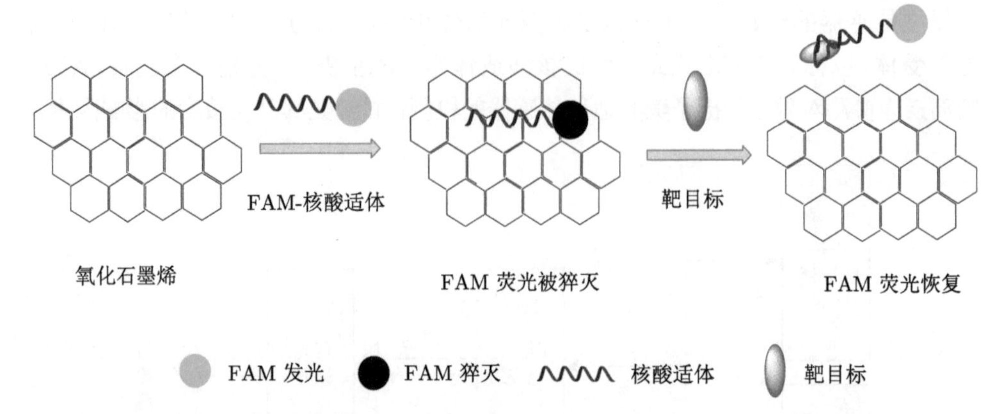

图 5.2.1　基于核酸适体和 FAM 的荧光适体传感器对 ATP 检测的原理图

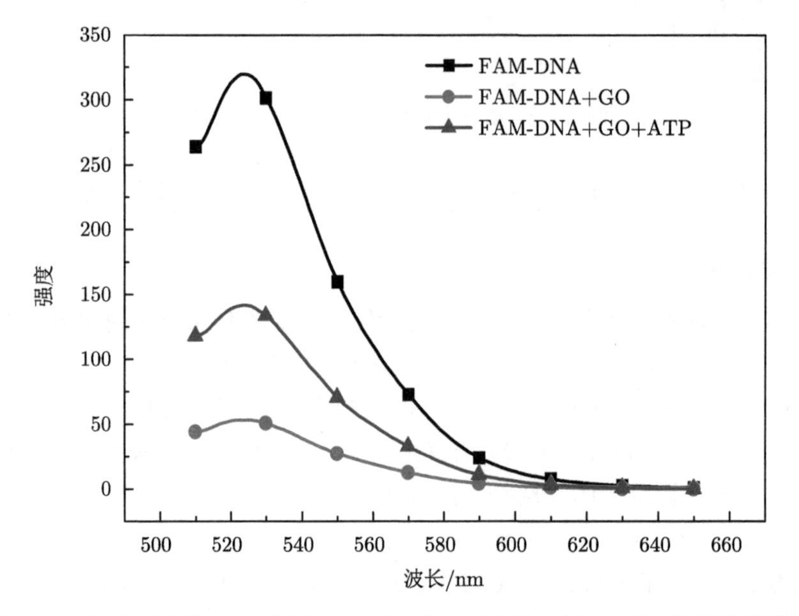

图 5.2.2　FAM-DNA，FAM-DNA+GO，FAM-DNA+GO+ATP 的荧光光谱图

5.2.2　传感器制备方法

1) 所需原料与仪器

仪器：荧光强度的检测使用 F-7000 荧光分光光度计 (日立，日本)。Eppendorf Centrifuge 5418 (Hamburg, Germany) 用于溶液的离心。所有溶液 pH 值的检测使用 FE-20K-meter (Mettler Toledo, Switzerland)。GL-16II 型离心机和 07HWS-2 型数字磁力搅拌机也在本次实验中被应用。

试剂：三 (2-羧乙基) 膦 (TCEP) 和 ATP 核酸适体购买于上海生工生物工程股份有限公司，ATP 适体的碱基序列为：5′-FAM-ACCTGGGGGAGTATTGCGGAGGAAGGT-3′。ATP 购买于北京索莱宝耗材科技股份有限公司。磷酸盐缓冲液 (PBS, 10mM, pH 7.4)，Tris-醋酸盐缓冲液 (10mM, pH 5.2)。所有的化学试剂都是分析级的，整个研究过程中使用的超纯水是用 PURELAB Option-R (ELGA LabWater, UK) 制备的。

2) 检测探针的制备

取一定量在 −20°C 条件下储存的 ATP 核酸适体，加入 PBS 缓冲液后离心 30s (每分钟 12000 转)，再加入 Tris-HCL，使最终的 FAM-aptamer 浓度达到 1μmol/L。溶液在室温下在避光孵育 2 小时激活备用。将 FAM-aptamer 与 GO 溶液混合，在室温下停留一段时间，使 FAM-aptamer 固定在 GO 上，此时荧光猝灭。将制备好的溶液放至 4°C 环境下保存备用。

3) 多巴胺检测

使用超纯水配制含有一定量离子 (包含 50mmol Tris, 30mmol NaCl, 50mmol KCl) 的溶液，利用此溶液配制稀释成不同浓度的 ATP。在制备好的检测探针溶液中加入不同浓度的 ATP (1~250μmol/L)。孵育一段时间后，取 400μL 所得混合溶液加入荧光分光光度计中进行荧光检测。然后，以 ATP 浓度为横坐标，不同浓度 ATP 的混合溶液所测得的荧光强度为纵坐标，绘制荧光光谱图。

5.2.3 传感器对三磷酸腺苷的检测性能研究

5.2.3.1 影响因素分析

在该方法中，荧光基团荧光强度猝灭的程度将直接影响荧光基团荧光强度恢复的效果，即猝灭效果越明显，荧光强度恢复的效果越好，也就意味着对 ATP 浓度检测时的灵敏度越高，能检测出的 ATP 的浓度范围越广。经过实验检测，影响测量结果的参数有两项，分别是 GO 的浓度和 FAM-DNA 与 GO 的反应时间对荧光猝灭程度有影响。为了优化这些参数，分别测定了不同浓度的 GO 溶液 (2μg/mL，5μg/mL，10μg/mL，12μg/mL，15μg/mL，20μg/mL，如图 5.2.3 所示) 和不同反应时间 (1~15min，如图 5.2.4 所示) 对标记的荧光基团 FAM 的 ATP 核酸适体的荧光强度的猝灭效果的影响。结果表明，当 GO 的浓度和反应时间分别为 10μg/mL 和 5min 时，荧光基团的发射光由于荧光共振能量转移的作用，将能量传导至 GO，使得猝灭效果达到最佳。

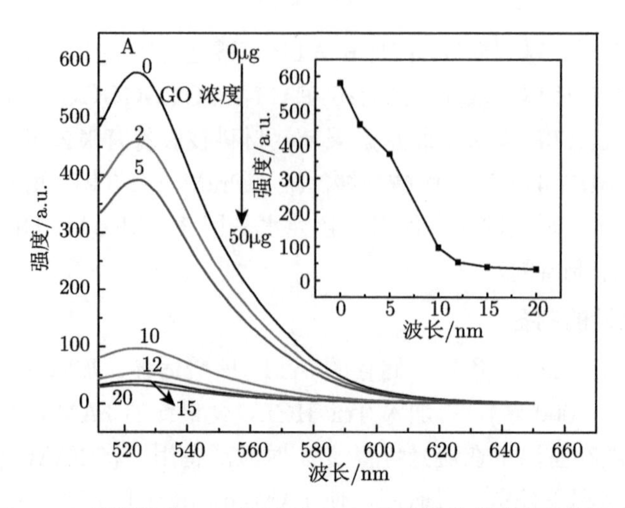

图 5.2.3　不同浓度 GO 溶液对 ATP 核酸适体荧光强度的影响

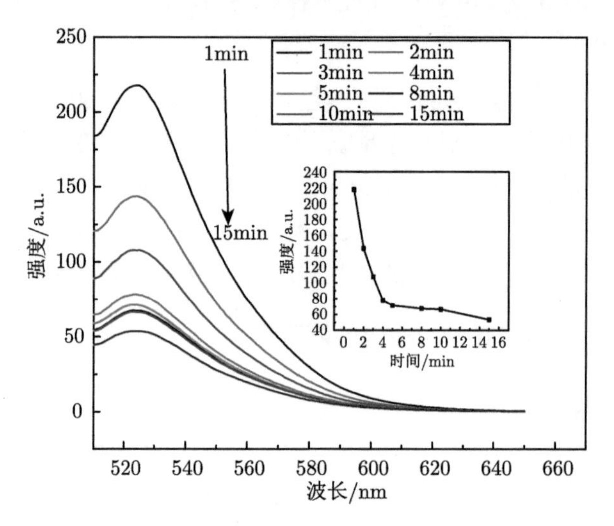

图 5.2.4　相同浓度的 GO 溶液在不同时间下对 FAM-DNA 荧光强度的影响

5.2.3.2　检测 ATP

在上述参数优化的条件下，检测不同浓度的 ATP。如图 5.2.5(a) 所示，显示了检测探针检测不同浓度的 ATP(1μg/mL，5μg/mL，10μg/mL，50μg/mL，150μg/mL，250μg/mL) 还原后荧光强度的荧光光谱。随着 ATP 浓度的增大，溶液中 FAM-DNA+GO 的 GO 被 ATP 置换，猝灭效果降低，荧光基团的荧光强度被恢复，从图 5.2.5(a) 中可以看出，实验所得的结果与理论相吻合。图 5.2.5 (b) 显示了荧光强度和 ATP 浓度的拟合曲线，拟合结果表明：在 1~250μmol/L 浓度范围内的 ATP 浓度与检测探针检测 ATP 后溶液的荧光强度呈良好的线性关系。其线性拟

合方程为 y=1.5266x+96.16572 (y 为检测探针检测 ATP 后溶液的荧光强度，x 为 ATP 浓度)。拟合系数为 1.5266，其拟合的方差偏离为 R^2=0.94905，检出限为 1μmol/L。

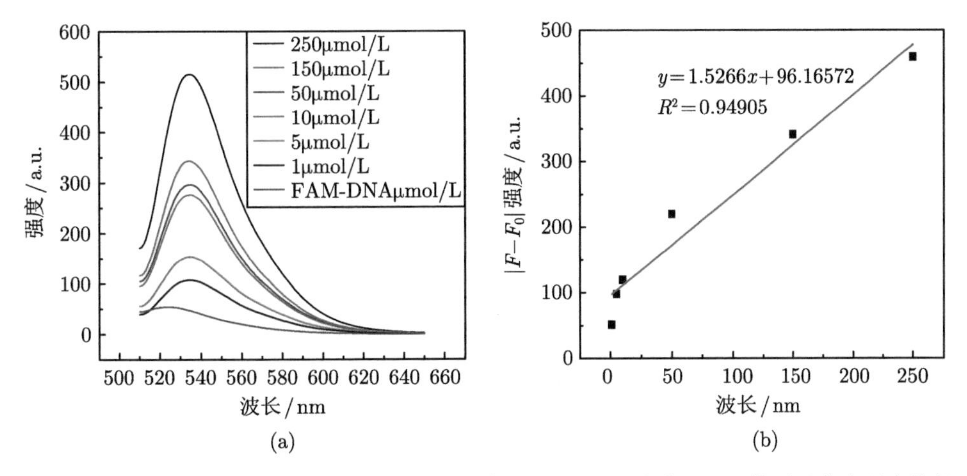

图 5.2.5 (a) 不同浓度 ATP 检测后的荧光光谱图；(b) 不同浓度 ATP 检测后荧光强度的拟合曲线

5.2.3.3 ATP 检测的特异性分析

为了分析该方法对 ATP 的特异性，用相同的实验参数 (检测探针体积 100μL，浓度 1μmol/L) 和相同的实验条件分别对 Na^+、K^+、多巴胺、生物素、肾上腺素和 ATP 进行了检测。与其他被检测的靶目标分子相比，ATP 具有明显的特异性，如图 5.2.6 所示。

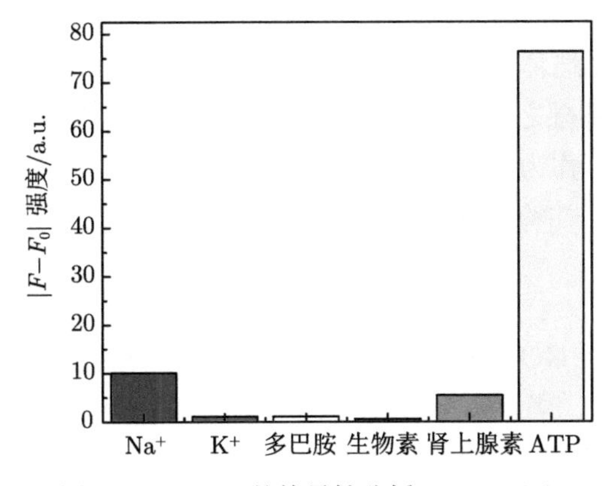

图 5.2.6 ATP 的特异性分析 (1μmol/L)

5.3 基于氧化石墨烯的荧光适体传感器检测胰岛素

胰岛素 (insulin，INS) 是胰脏中胰岛 B (β) 细胞分泌的一种蛋白质激素，既能促进血液中的葡萄糖进入肝、肌肉和脂肪等组织细胞，在细胞内合成糖元或转变成其他营养物质储存起来；又能促进葡萄糖氧化分解释放能量，供机体利用，是维持血糖在正常水平的主要激素。胰岛素分泌不足或缺乏时，会引起高血糖，甚至是糖尿病。因此，能否准确测定血液中胰岛素的浓度，对高血糖及糖尿病的早期诊断、临床和基础研究具有重要的价值 [4,5]。胰岛素的检测方法包括免疫分析法 [6]、色谱法 [7]，这两种方法操作繁琐，灵敏度低，难以应用到现场即时检测。现在研究较多的检测方法是电化学分析法 [8−10] 和荧光分析法 [11−13]。由于核酸适体具有高亲和力和高特异性，已成为制备生物传感器理想的识别元件 [14−17]。Seyed 等 [5] 利用核酸适体和三股螺旋分子开关的独特性质，对胰岛素进行检测，检出限为 9.97nmol /L。Verdian 等 [12] 基于胰岛素适体折叠荧光猝灭，实现了对胰岛素的检测，检测范围为 2~70nmol /L。Ying 等 [13] 以 GO 为猝灭剂，基于核酸适体荧光检测法得到胰岛素的检出限为 500nmol /L，检测范围 0.5~50μmol/L。GO 可与 DNA 碱基发生强烈的 $\pi-\pi$ 相互作用，稳定吸附单链 DNA，使荧光猝灭，它的猝灭效率远高于常见的有机猝灭剂，且它的生产成本较低、制备简单，是研究生物传感器的热点材料 [18−21]。

本研究采用荧光基团 (FAM) 标记的核酸适体作为识别元件，GO 为猝灭剂，建立了一种高选择性、高灵敏度的核酸适体传感器。核酸适体与 GO 结合后，荧光猝灭，此时溶液中没有荧光强度；加入胰岛素后，溶液中荧光得到恢复。根据胰岛素加入前后，溶液中荧光强度的不同，利用荧光分析法检测溶液中荧光强度的变化，获取了荧光适体传感器的线性度和灵敏度，实现了对胰岛素浓度的测定。本研究在上述文献基础之上，通过对实验条件的进一步优化与改进，采用荧光基团标记的单链 DNA 作为探针，利用 GO 作为猝灭剂，构建了对胰岛素有特异性的荧光适体传感器，在检测范围与检出限方面获取了更好的检测结果。

5.3.1 基本原理

利用核酸适体与 GO 组成的检测胰岛素荧光适体传感器，检测胰岛素的基本原理如图 5.3.1 所示。当溶液中没有目标分子 (胰岛素) 加入时，核酸适体被 GO 吸附，适体表面的荧光基团被猝灭，溶液中没有或者是有极其微弱的荧光信号；当在溶液中加入胰岛素后，适体与胰岛素有更强的结合力，所以适体不断从 GO 表面游离，溶液中的荧光强度得以恢复。随着胰岛素浓度的增大，溶液中的荧光强度也不断增大。根据溶液中荧光强度的变化可以实现对胰岛素浓度的检测。

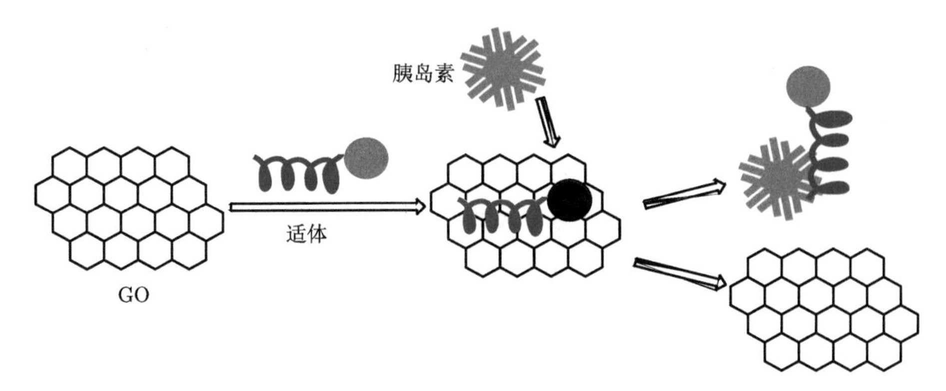

图 5.3.1 利用荧光适体传感器检测胰岛素的原理示意图

5.3.2 传感器制备方法

1) 所需原料与仪器

GL-16II 型离心机 (上海安亭科学仪器厂); DHG-9030A 型电热恒温鼓风干燥箱 (上海精宏实验设备有限公司); 07HWS-2 数显恒温磁力搅拌器 (杭州仪表电机有限公司); 电子天平 (梅特勒-托利多仪器 (上海) 有限公司); 实验所得到的荧光强度由荧光光谱仪 F-7000 (日本 HITACHI 公司) 获得。所用的缓冲液为 Tris-HCl, pH 7.4, 其中 Tris-HCl 的浓度为 50mmol/L, NaCl 的浓度为 30mmol/L, KCl 的浓度为 50mmol/L。所用的牛胰岛素从北京索莱宝科技有限公司购买; GO 水溶液 (浓度为 2mg/mL) 购买自苏州恒球科技有限公司。实验所用的寡核苷酸序列均由上海生工生物技术有限公司 (中国) 合成, 其核苷酸序列如下: 5′-GGT GGT GGG GGG GGT TGG TAG GGT GTC TTC-FAM-3′。实验用水均为电阻为 18.2MΩ 的超纯水, 实验环境温度为 25°C。

2) 工作溶液的制备

首先将保存在 −20°C 的标记有 FAM 的核酸适体取出, 开盖前先用离心机 12000r/min, 离心 30s, 因为 Oligo DNA 呈很轻的干膜状附在管壁上, 打开前离心可防止散失。离心后慢慢打开管盖, 每管加入 35μL 的缓冲液, 盖上盖后充分振荡混匀, 就可以将适体激活。

将激活后的 DNA 配置成 100μmol/L, 取其中 100μL 的 100μmol/L 的核酸适体加入到 100mL Tris-HCl 缓冲液中, 再加入 5mL 的 GO, 室温下静置 10min 后, 加入 20μL 的 100μmol/L 的 PBA 封闭未反应位点, 从而得到工作溶液。取 25mg 的胰岛素粉末加入 25mL 的工作溶液中, 搅拌均匀使其充分结合, 得到胰岛素的浓度为 174.4μmol/L，在胰岛素溶液中加入工作溶液稀释，分别得到浓度为 0，50nmol/L，100nmol/L，200nmol/L，500nmol/L，1μmol/L，5μmol/L，10μmol/L，50μmol/L，100μmol/L 的待测液各 5mL。将待测液装入离心管内，放入离心机内以 3000r/min 的速率离心 0.5h，在室温静置 1h 使其充分结合。

3) 样品的检测

将配置好的样品放入荧光光谱仪，固定好激发波长为 480nm，发射波长为 521nm，设置激发波和发射波的狭缝宽度均为 10nm，以胰岛素浓度为 0 的溶液作为空白对照组，分别测定不同浓度的胰岛素待测液的荧光强度，每个样品平行测定 3 次。将最终测得的荧光强度与相应浓度绘制成标准曲线。

4) 特异性检测

选定在标准曲线内的一个合适的浓度 (5μmol/L)，与检测胰岛素相同实验条件下，分别配置 BSA，生物素及链霉亲和素的浓度均为 5μmol/L 的待测溶液各 5mL，利用荧光光谱仪检测上述 3 种待测液的荧光强度，每个样品平行测定 3 次，将得到的荧光强度与相同浓度的胰岛素的荧光强度作比较，并绘制柱状图。

5.3.3 传感器对胰岛素的检测性能研究

5.3.3.1 影响因素分析

1) 激发和发射波长的确定

荧光是一种光致发光现象，由于分子对光的选择性吸收，不同波长的入射光便具有不同的激发效率。固定激发光的波长和强度，不断改变荧光的发射波长并记录相应的荧光强度，得到的荧光强度即是荧光的发射光谱。分别取 3mL 工作溶液和待测液，在荧光光谱仪上先固定一个合适的激发波长找到发射波长 (500~600nm)；然后固定荧光的发射波长而不断改变激发光的波长，并记录相应的荧光强度，所得到的荧光强度对激发波长的谱图称为荧光的激发光谱。确定得到的发射波长，根据荧光强度找到最合适的激发波长。根据得出的结果最终确定胰岛素的激发波长为 480nm，发射波长为 521nm，激发和发射的狭缝宽度均设置为 10nm。

2) 核酸适体与 GO 浓度的影响

在实验过程中，GO 的猝灭效率至关重要，若核酸适体的量过大，GO 不能将适体完全吸附，适体表面的荧光不能被 GO 完全猝灭，溶液中还存在大量荧光，当加入胰岛素后，荧光强度的变化不够明显，对实验结果有较大的影响。若 GO 的量过大，核酸适体的荧光被 GO 完全吸附后，适体表面的荧光被完全猝灭，溶液中无荧光强度，但存在一部分未与核酸适体结合的 GO，加入胰岛素时，从 GO 表面游离的核酸适体有可能再次被 GO 吸附，影响实验结果的准确性。核酸适体与 GO 不同的比率测得溶液中的荧光强度如图 5.3.2 所示。由图可得，最终选择核酸适体与 GO 的比例为 1nmol:1mg (曲线 c)，此时 GO 将会把适体完全吸附，荧光将会完全猝灭。

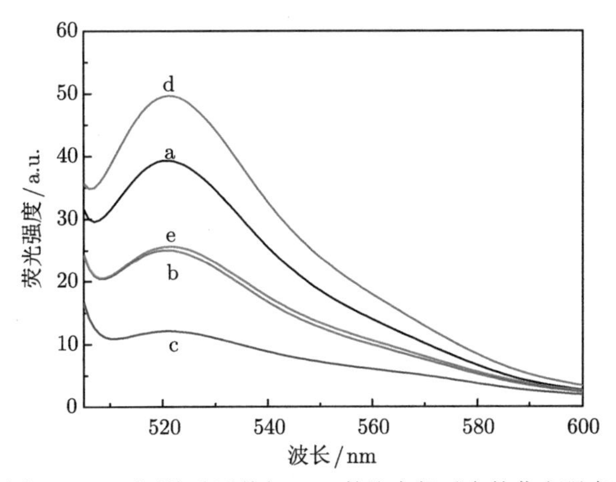

图 5.3.2 不同核酸适体与 GO 的比率相对应的荧光强度

a. 核酸适体: GO = 1nmol:0.6mg；b. 核酸适体: GO = 1nmol:0.8mg；c. 核酸适体: GO = 1nmol:1.0mg；d. 核酸适体: GO = 1nmol:1.2mg；e. 核酸适体: GO = 1nmol:1.4mg

3) 缓冲液浓度影响

对于一种特定荧光物质的缓冲液，在一定的频率及强度的激发光照射下，当溶液的浓度足够小使得对激发光的吸光强度很低时，所测溶液的荧光强度与该荧光物质的浓度成正比。随着溶液浓度的进一步增大，将会出现荧光强度不仅不随溶液浓度线性增大，反而随着浓度的增大而下降的现象，这是由浓度效应导致的，因为较高浓度的溶液中，可能会发生溶质间的相互作用，产生荧光物质的激发态分子与其基态分子的二聚物或与其他溶质分子的复合物，从而导致荧光光谱的改变或者是荧光强度的下降，当浓度更大时，甚至会形成荧光物质的基态分子聚集体，导致荧光强度更严重地下降。

为了避免缓冲溶液的浓度，影响最终溶液中胰岛素的荧光强度，本实验考察了不同浓度的缓冲液 (0μmol/L, 50mmol/L, 100mmol/L) 对最终实验结果荧光强度的影响，选取三种不同浓度的胰岛素 (100μmol/L, 10μmol/L, 1μmol/L) 在不同浓度的缓冲液中的荧光强度，如图 5.3.3 所示，发现缓冲液浓度为 50mmol/L 时，三种浓度的胰岛素的荧光强度均达到最大值，表明此时的实验效果最好。因此最终确定本实验所用的缓冲液浓度为 Tris-HCL 为 50mmol/L，NaCl 为 30mmol/L，KCl 为 50mmol/L。

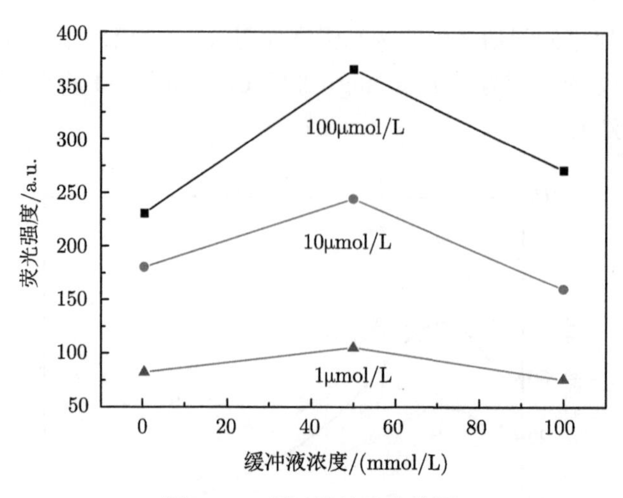

图 5.3.3 缓冲液浓度曲线图

4) 响应时间影响

本实验中，工作溶液与胰岛素结合的有效时间称为响应时间。如图 5.3.4 所示，该图中所用的胰岛素浓度为 10μmol/L，工作溶液与胰岛素结合的时间太短 (0~30min)，核酸适体没有足够的时间从 GO 表面游离与胰岛素结合，此时测得溶液中荧光强度较弱；延长结合时间 (30~90min)，溶液中荧光强度不断增大。当结合时间在 120min 附近时，溶液中荧光强度趋于稳定，核酸适体有充分的时间从 GO 表面游离，与溶液中存在的胰岛素结合，溶液中的荧光强度得到恢复。根据实验结果最终确定胰岛素与工作溶液的最佳响应时间为 120min。需要注意的是，胰岛素与工作溶液的结合时间不宜过长，当时间大于 130min 时，溶液中荧

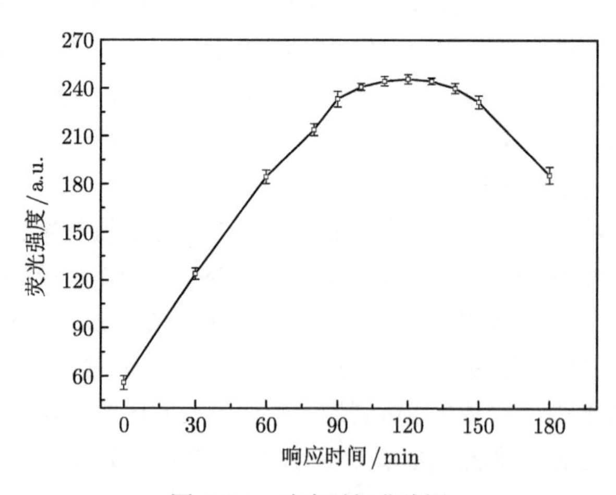

图 5.3.4 响应时间曲线图

光强度开始下降，因为此时胰岛素的性质已不稳定，一部分与胰岛素结合的核酸适体重新游离在溶液中，然后 GO 吸附，荧光重新被猝灭，影响实验结果的准确性。因此，工作溶液与胰岛素的响应时间应控制在 120min。

5.3.3.2 检测胰岛素

在上述实验条件下，将得到的不同浓度的荧光强度绘制成曲线图，对胰岛素浓度和相应的荧光强度的关系进行分析。如图 5.3.5 所示，不同浓度的胰岛素对应的不同荧光强度的值，很明显地看出，随着胰岛素浓度不断增大，荧光强度也随之不断地增强。根据实验结果，胰岛素荧光强度标准曲线表明，目标物胰岛素的浓度在 $5\times10^{-8}\sim1\times10^{-5}$mol/L 范围内，溶液中的荧光强度 ($y$) 和胰岛素的浓度 ($x$) 有良好的线性关系，线性回归方程为 $y=84.83571+16.0724x$，相关系数 $R=0.99913$，检出限为 10nmol/L。

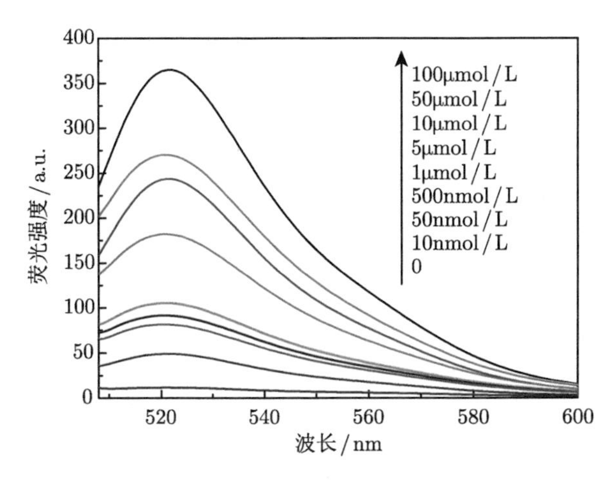

图 5.3.5 胰岛素的荧光信号曲线

5.3.3.3 胰岛素检测的特异性分析

做完对胰岛素的检测实验后，为了验证本方法对胰岛素的特异性，我们选用了三种和胰岛素类似的物质进行了特异性检测实验，图 5.3.6 是胰岛素的特异性检测结果，在图 5.3.6 的标准曲线上选择一个浓度 (5μmol/L)，与检测胰岛素的条件相同，对得到的实验结果作图分析，如图 5.3.7 所示，根据图中结果可以看出，胰岛素的荧光强度与相同浓度的牛血清蛋白 (albumin from bovine serum, BSA)，生物素 (biotin) 和链霉亲和素 (streptavidin-biotin) 有明显不同，牛血清蛋白、生物素和链霉亲和素与胰岛素的荧光强度比为 1:1.33:1.07:8.9，胰岛素的荧光强度值要远远高于其他三者的荧光强度值。由结果可知，本实验所采用的检测方法对胰岛素具有良好的选择特异性。

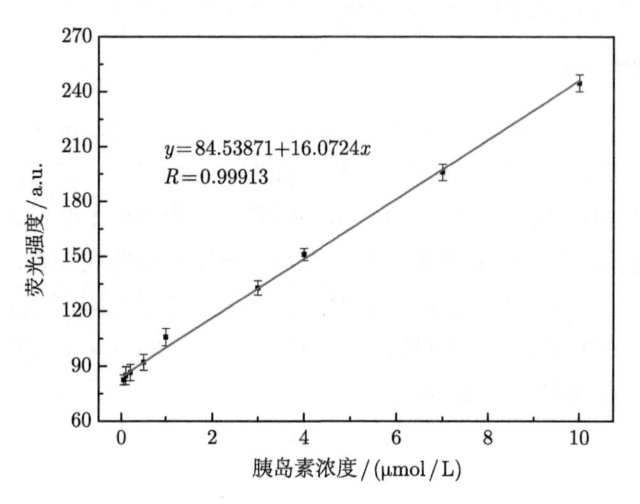

图 5.3.6　胰岛素的浓度与荧光强度的关系曲线

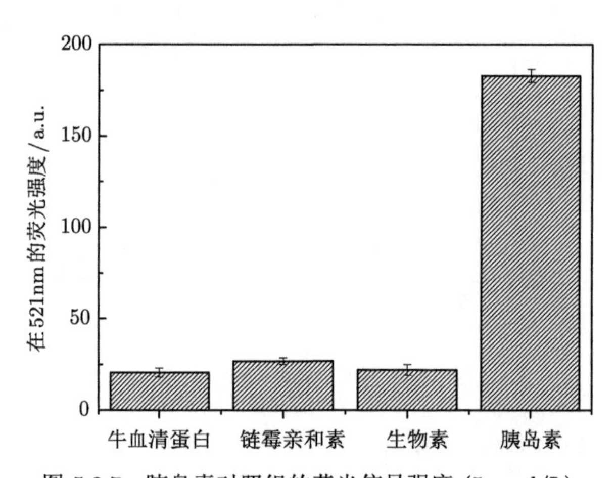

图 5.3.7　胰岛素对照组的荧光信号强度 (5μmol/L)

在本研究实验中，对胰岛素的检测我们采用的是纯胰岛素样品，不知道此方法在实际样品中是否可行，因此增加了实际样品检测分析实验。将胰岛素加入正常人的血清中，利用此方法和设备检测其荧光强度，比较纯样品和实际样品的偏差，验证本研究在实际样品的检测中具有普遍性。

将胰岛素加入正常人的血清中，再加入工作液，配置成与上述纯样品一样浓度的待测液，与上述检测方法相同测其荧光强度。实验结果如表 5.3.1 所示，结果表明，该方法的测定结果与实际样品误差很小，每个浓度的样品平行测定 5 次，相对标准偏差小于 5%，从而说明该方法具有良好的准确度和精密度。

表 5.3.1 实际样品中胰岛素的测定结果

浓度/(μmol/L)	荧光强度平均值/a.u.	标准曲线的偏差
10	240.8	4.4
5	163.9	1.0
1	98.71	1.9
0.5	97.12	4.5
0.2	87.19	0.6
0.1	87.15	1.0

5.3.3.4 信号优化放大研究

为了进一步提高传感器的线性度及精确性，通过在本实验中加入 DNA 酶来实现荧光信号的扩大。胰岛素荧光信号的放大检测原理如图 5.3.8 所示，当溶液中没有加入 DNA 酶时，适体被 GO 吸附，适体上的荧光基团被猝灭，此时溶液中没有荧光强度。在工作缓冲液中加入 15kU 的 DNA 酶 I 后，GO 能保护吸附的核酸适体不受 DNA 酶的破坏，此时溶液中依然没有荧光强度。加入胰岛素后，适体由于与胰岛素有更强的作用力，从 GO 表面游离与胰岛素结合，在游离过程中，核酸适体将被溶液中存在的 DNA 酶分解，由此促进其他适体不断地从 GO 表面游离并与胰岛素结合，最终一分子的胰岛素可以与多个适体结合，从而实现了溶液中荧光强度信号的放大。

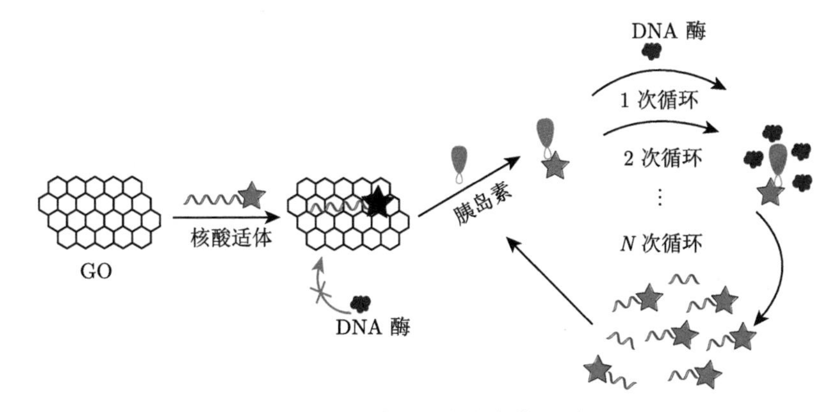

图 5.3.8 荧光信号强度放大检测原理图

放大检测的实验过程：将 15kU 的 DNA 酶加入到 100mL 的工作溶液中，充分混匀，待其反应 30min 后，加入不同浓度的胰岛素 (100μmol/L，80μmol/L，

50μmol/L，30μmol/L，10μmol/L，5μmol/L，1μmol/L，500nmol/L)。将上述溶液完全混匀，置室温下避光孵育 2h 后，用荧光光谱仪检测其荧光强度，激发和发射波长、狭缝宽度的设置依然与之前保持一致，不做改变。

将得到的实验结果绘制成信号曲线图，如图 5.3.9 所示，从图中明显得知相同浓度的胰岛素测得的荧光强度比图 5.3.5 中的荧光强度高出一倍左右，且荧光强度仍随着浓度的增加而不断增大。将实验结果绘制成标准曲线进行分析，如图 5.3.10 所示，得到目标物胰岛素的浓度在 $5\times10^{-7} \sim 1\times10^{-5}$mol/L 范围内，溶液中的荧光强度 ($y$) 和胰岛素的浓度 ($x$) 有良好的线性关系，线性回归方程为 $y = 772.89129 + 0.39841x$，相关系数 $R = 0.99264$，检出限为 50nmol/L。

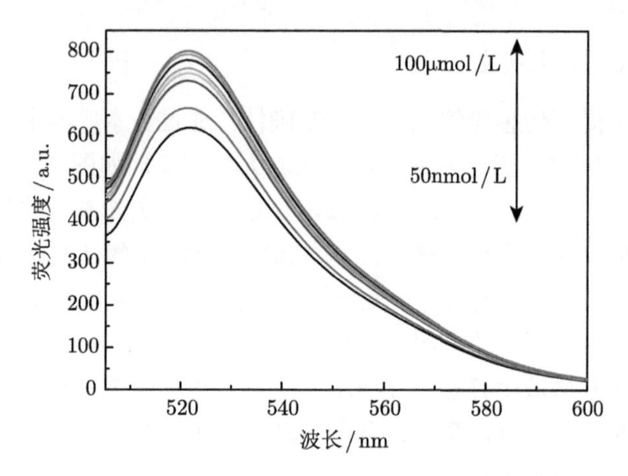

图 5.3.9　胰岛素的荧光信号放大检测曲线图

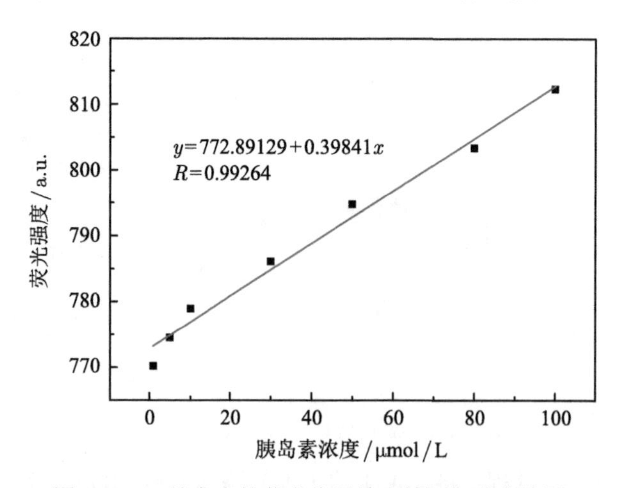

图 5.3.10　胰岛素的荧光信号放大检测标准曲线图

5.4 基于氧化石墨烯的荧光适体传感器检测多巴胺

多巴胺 (dopamine，DA) 是神经递质类物质 [22−24]，参与人体多项生理功能的调节，如激励 [25]、运动 [26]、情绪 [27] 等。多巴胺系统功能紊乱会引起多种疾病，如帕金森症 [28]、精神分裂症 [29]、注意力缺陷多动症 [30] 等。本研究以碳纳米材料 GO 作为猝灭剂，通过荧光猝灭法制备光学适体传感器检测多巴胺，研究了该实验的检测原理，优化了实验条件，进行了相关性及特异性研究，所制备传感器具有灵敏度高、操作简单等特点。将其用于血清样品中多巴胺的分析检测是下一步将要研究的工作，同时进一步采用放大策略优化传感器性能，降低其检测限，提高传感器灵敏度。

5.4.1 传感器制备方法

1) 所需原料与仪器

F-7000 型荧光分光光度计 (HITACHI)；ME204 型天平 (梅特勒-托利多仪器 (上海) 有限公司)；FE20K 酸度计 (梅特勒-托利多仪器 (上海) 有限公司)；实验室用纯水机；DHG-9030A 型电热恒温鼓风干燥箱 (上海景宏实验设备有限公司)；GL-16II 型离心机 (上海安亭科学仪器厂)；07HWS-2 数显恒温磁力搅拌器 (杭州仪表电极有限公司)；KQ 2200E 型超声波清洗器；水浴锅；LA612 型 ELGA LabWater。5′ 端 FAM 修饰多巴胺适体由上海生工生物工程股份有限公司合成，其序列：5′-FAM-GTCTCTGTGTGCGCCAGAGAACACTGGGGCAGATATGGGCCAG-CACAGAATGAGGCCC-3′，GO 溶液，多巴胺盐酸盐，氢氧化钠，浓盐酸，NaCl，Tris-HCl，L-抗坏血酸 (L-AA)，肾上腺素 (L-A)，去肾上腺素 (L-NA)，实验用水为电阻 18.2MΩ 的超纯水。

2) 传感器的制备过程

本方法利用了碳纳米材料 GO 优异的光学特性。如图 5.4.1，当没有加入目标底物多巴胺时通过 $\pi-\pi$ 堆积作用适体 5′ 端的 FAM 荧光能量传递到 GO 荧光猝灭；当加入多巴胺后，适体与多巴胺特异性结合而远离 GO 的表面，同时伴随着 $\pi-\pi$ 堆积作用的消失，荧光信号恢复。通过荧光分光光度计检测出荧光发射谱。用电子天平和酸度计配制出 pH 7.4 含有 30mmol/L NaCl 的 50mmol/L Tris-HCl 缓冲液。移液枪吸取一定体积的缓冲液，加入分装适体管中离心溶解。配制出 10nmol/L 荧光适体、10μg/mL GO 的猝灭溶液，随后向猝灭溶液中加入多巴胺；常温孵育 25min 后取 3mL 加入石英比色皿。设定荧光分光光度计激发波长 480nm，入射出射狭缝均为 10nm，测 510~600nm 的荧光发射光谱图。调试界面如图 5.4.2 所示。

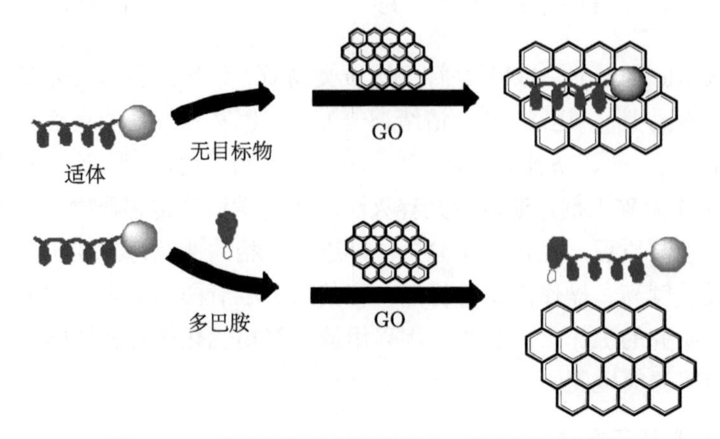

图 5.4.1　荧光适体传感器检测多巴胺原理示意图

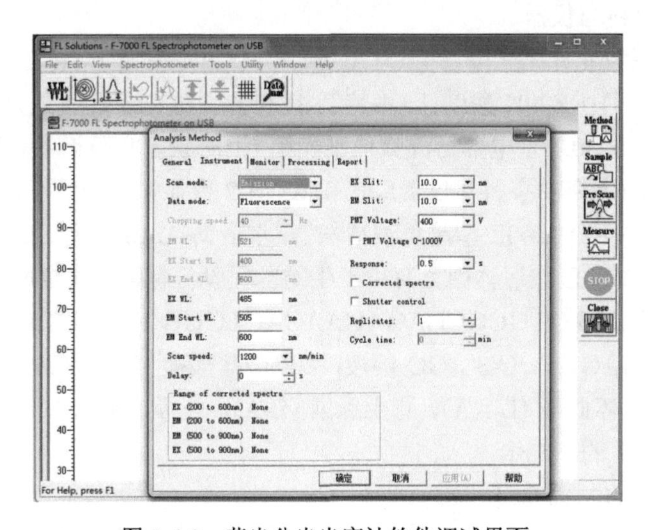

图 5.4.2　荧光分光光度计软件调试界面

5.4.2　传感器对多巴胺的检测性能研究

5.4.2.1　传感器的可行性分析

所制备传感器的光学特性如图 5.4.3 所示，曲线 a 是猝灭前 10nmol/L FAM-核酸适体的荧光发射光谱，曲线 d 是在 FAM-核酸适体中加入 10μg/mL GO 后的发射光谱，由图看出，加入石墨烯以后，85.1%的荧光信号猝灭；曲线 b 和 c 是在曲线 a 的基础上分别以不同顺序加入多巴胺和 GO 的光谱图。结果表明，无论多巴胺和 GO 的加入顺序如何，荧光信号都得到了一定程度的恢复，这说明多巴胺的加入可以使部分荧光信号得以恢复，构建的荧光适体传感器可以用于多巴胺的检测。同时由曲线 b 和 c 可以看出，GO 和多巴胺的加入顺序不同对实验有一定的影响。这可能是因为当先加多巴胺时，FAM-核酸适体会和多巴胺优先结合形成四联体，阻碍 FAM-核酸适体与 GO 的堆积作用，若能采用某种放大策略最大化释放被猝灭的荧光信号，传感器的灵敏度必将得到进一步提高。

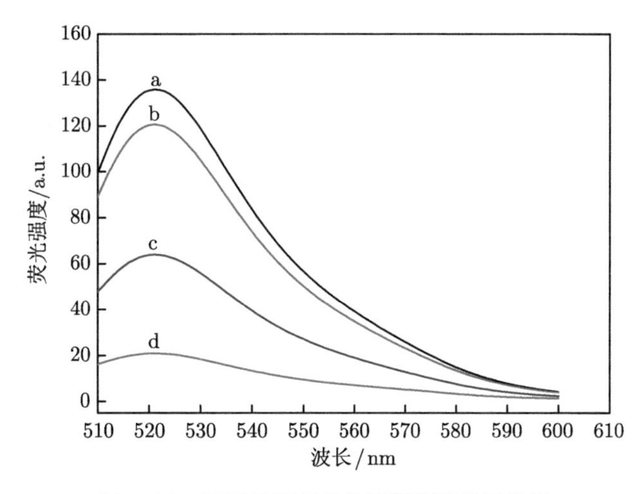

图 5.4.3 不同条件下的传感器荧光发射光谱

5.4.2.2 影响因素分析

本实验分别对 GO 浓度及孵育时间进行了实验优化研究。室温、FAM-核酸适体 10nmol/L 和猝灭时间 5min 条件下，分别加入 2μg/mL、4μg/mL、6μg/mL、8μg/mL、10μg/mL、12μg/mL、14μg/mL、16μg/mL 的 GO 溶液。在上述相同的实验条件和方法下，用荧光分光光度计检测出反应体系猝灭后的荧光发射光谱图。通过实验得到结果见图 5.4.4。(a) 和 (b) 分别为 FAM-核酸适体在不同 GO 浓度条件下的荧光发射光谱图和不同浓度的 GO 在加入和未加入多巴胺后的猝灭效率图。图 (a) 是分别加入 2μg/mL、4μg/mL、6μg/mL、8μg/mL、10μg/mL、12μg/mL、14μg/mL、16μg/mL 的 GO 与 10nmol/L FAM-核酸适体反应的发射光谱图。从图 (a) 中可以看出随着 GO 浓度的增加，发射光谱的荧光强度越来越小。同时 2~6μg/mL 范围内猝灭程度下降较快，6~16μg/mL 范围内猝灭速度下降。由图 (b) 可以看出在 GO 高于 10μg/mL 时 F/F_0 猝灭效率下降，且在该浓度下荧光猝灭程度较高，故选择 10μg/mL 的 GO 作为猝灭浓度。

室温、10nmol/L FAM-核酸适体和 10μg/mL 氧化石墨条件下，分别把时间设定为 5min、10min、15min、20min、25min、30min、40min、50min、60min，分

别检测未加入和加入多巴胺后用的荧光恢复信号。实验结果见图 5.4.5，图 5.4.5 中的 a、b 曲线分别表示加入多巴胺和未加入多巴胺不同时间的荧光恢复信号。由曲线 a 可以看出 GO 可以在 5min 内猝灭荧光信号；由曲线 b 可以看出在加入多巴胺后的前 25min 内猝灭的荧光强度是逐步增大的，25~60min 后荧光恢复信号稳定，故选择 5min 作为猝灭时间，25min 作为孵育时间。

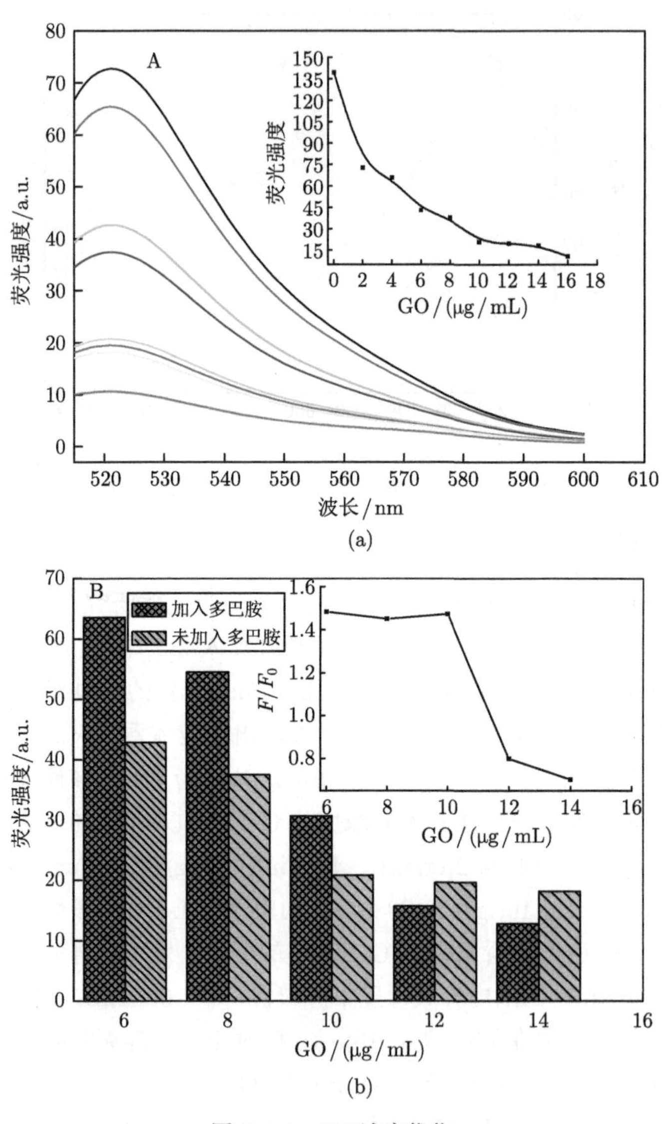

图 5.4.4　GO 浓度优化

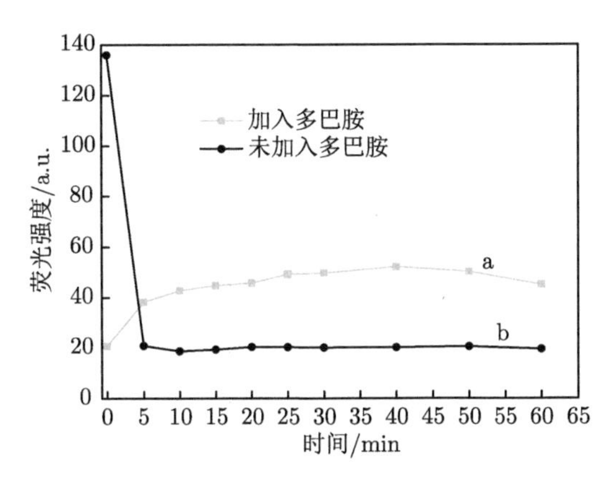

图 5.4.5 孵育时间优化

5.4.2.3 检测多巴胺

在猝灭溶液中分别加入 1μmol/L、35μmol/L、50μmol/L、85μmol/L、100μmol/L、200μmol/L、375μmol/L、400μmol/L、500μmol/L 的多巴胺，然后分别测出多巴胺荧光恢复后的发射光谱。图 5.4.6 中的 (a) 和 (b) 分别表示不同浓度多巴胺加入后的发射光谱图和荧光强度与浓度拟合的曲线。从图 (a) 中可以看出随着多巴胺浓度的逐渐增大，多巴胺荧光恢复强度逐渐增大。图 (b) 是多巴胺浓度和荧光强度拟合曲线图，二者关系为 $y = 36.660 + 0.1474x$，其中 y 代表荧光强度，x 代表多巴胺浓度，其相关度达到了 0.988。构建的适体传感器初步达到了实验目标。

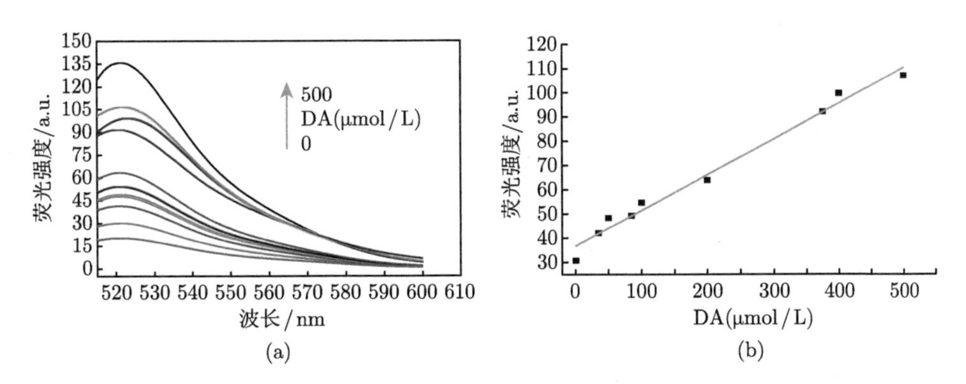

图 5.4.6 不同浓度多巴胺和荧光强度关系的研究

5.4.2.4 多巴胺检测的特异性分析

多巴胺具有多种相似结构物质，通过特异性实验可以检验所构建传感器的分辨力。在猝灭溶液中分别加入浓度均为 200μmol/L 的多巴胺、肾上腺素、去肾上腺素和维生素 C。检测加入不同物质的荧光发射光谱，记录发射谱在 521nm 处的荧光强度。在图 5.4.7 中 $(F-F_0)/(F_{DA}-F_0)$ 表示相对荧光强度，其中 F_0 和 F 分别表示加入不同选择性物质前后的荧光强度，F_{DA} 表示多巴胺的荧光强度。由图可以看出所构建的荧光适体传感器具有较强的特异性，分辨多巴胺性能较好，达到了实验预期。

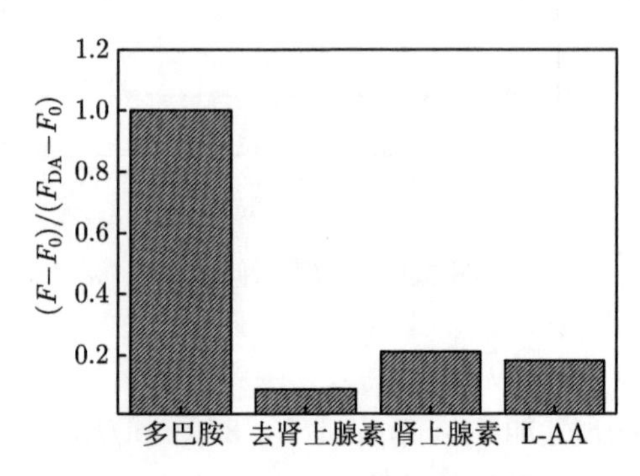

图 5.4.7 不同物质的相对荧光强度

5.4.2.5 实际样品中多巴胺的检测结果

将多巴胺加入到正常人的血清中，配成不同浓度的待测溶液，采用上述同样的实验条件和方法，测不同浓度多巴胺的荧光强度 (表 5.4.1)。结果表明，样品实际测定结果与标准偏差较小，每个浓度的样品平行测定 3 次，相对标准偏差小于 5%，说明该方法有一定的实际应用价值，所构建的传感器具有较好的准确度和精密度。

表 5.4.1 实际样品中多巴胺的测定结果

浓度/(μmol/L)	荧光强度平均值	与标准曲线的偏差
1	37.6	1.0
50	46.5	2.7
100	53.8	2.3
200	69.2	2.3
400	96.4	0.4
500	110.5	0.08

5.5 核酸适体对基于氧化石墨烯的荧光适体传感器灵敏度的影响

荧光适体传感器兼具荧光检测的高灵敏性和适体传感器的高选择性，还具有操作简单，成本低等优点，是近年来生物传感器的重点发展方向之一 [31−33]。其

中通过荧光基团 (供体) 和猝灭剂 (受体) 构建的基于荧光共振能量转移的适体传感器是最为普遍的荧光适体传感器 [34,35]。而 GO 作为典型的猝灭剂，已被越来越多地用于荧光共振型传感器的构建 [36,37]。研究者多数以同一种检测对象为目标，如多巴胺 [38]、胰岛素 [39]、赭曲霉毒素 [40]、溶菌酶 [41] 等，优化传感器各项参数，如 GO 浓度、反应时间等以达到最优检测范围与灵敏度，缺乏对不同核酸适体间的横向对比，尤其是核酸适体种类对传感器灵敏度的影响。本节以 GO 作为能量受体，以标记 FAM 荧光基团的核酸适体作为能量供体，通过检测传感器的灵敏度，分析了核酸适体种类对荧光共振适体传感器的影响。

5.5.1 传感器的制备与测试方法

核酸适体由上海生工生物工程股份有限公司合成。

胰岛素适体序列：5′-FAM-GGT GGT GGG GGT TGG TAG GGT GTC TTC-3′；

ATP 适体序列：5′-FAM-ACC TGG GGG AGT ATT GCG GAG GAA GGT-3′；

多巴胺适体序列：5′-FAM-GTC TCT GTG TGC GCC AGA GAA CAC TGG GGC AGA TAT GGG CCA GCA CAG AAT GAG GCC C-3′。

将核酸适体用 Tris-HCl 缓冲液激活，配制出 10nmol/L 荧光适体，与 10μg/mL 的 GO 溶液混合，室温下静置 5min，通过改变 GO 的体积可得到二者混合的最优配比，此时 GO 刚好将 FAM 的荧光猝灭。取最优配比制备荧光适体与 GO 的混合液，分别加入不同浓度的对应被测物，孵育 120min 并检测荧光光谱。通过不同浓度下荧光光强的变化即可得到不同检测对象的标准曲线和灵敏度。

5.5.2 核酸适体种类对传感器检测性能的影响

5.5.2.1 核酸适体种类不同时传感器的检测结果

分别以胰岛素、ATP、多巴胺为检测目标，对不同浓度的胰岛素 (0、0.01μmol/L、0.05μmol/L、0.5μmol/L、1μmol/L、5μmol/L、10μmol/L、50μmol/L、100μmol/L)、ATP(0、1μmol/L、5μmol/L、10μmol/L、50μmol/L、150μmol/L、250μmol/L) 和多巴胺 (0、1μmol/L、35μmol/L、50μmol/L、85μmol/L、100μmol/L、200μmol/L、375μmol/L、400μmol/L、500 μmol/L) 进行检测，可得到不同浓度被测物加入后的发射光谱 (图 5.5.1(a)，图 5.5.2(a)，图 5.5.3(a)) 和荧光强度与被测物浓度的拟合曲线 (图 5.5.1(b)，图 5.5.2(b)，图 5.5.3(b))。

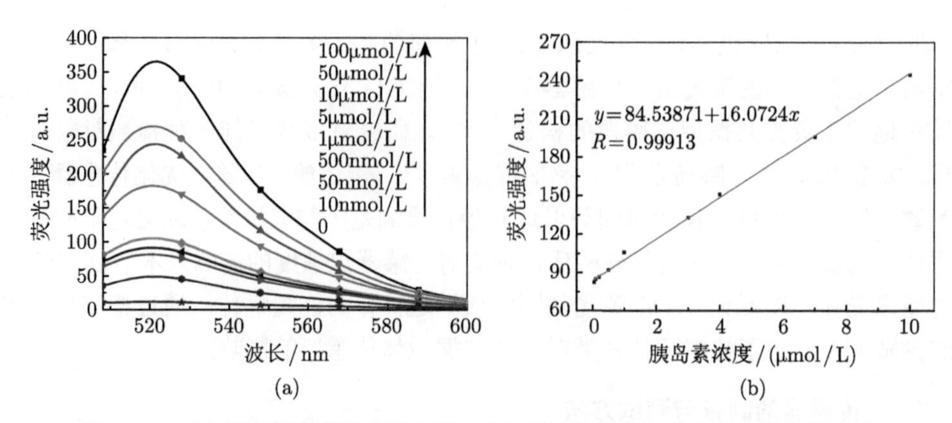

图 5.5.1　(a) 胰岛素的荧光信号曲线；(b) 不同胰岛素浓度和荧光强度的关系

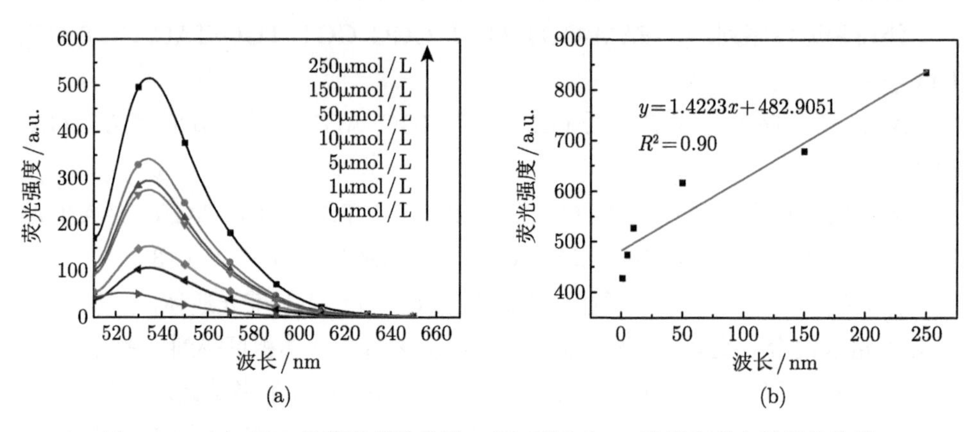

图 5.5.2　(a) ATP 的荧光信号曲线；(b) 不同 ATP 浓度和荧光强度的关系

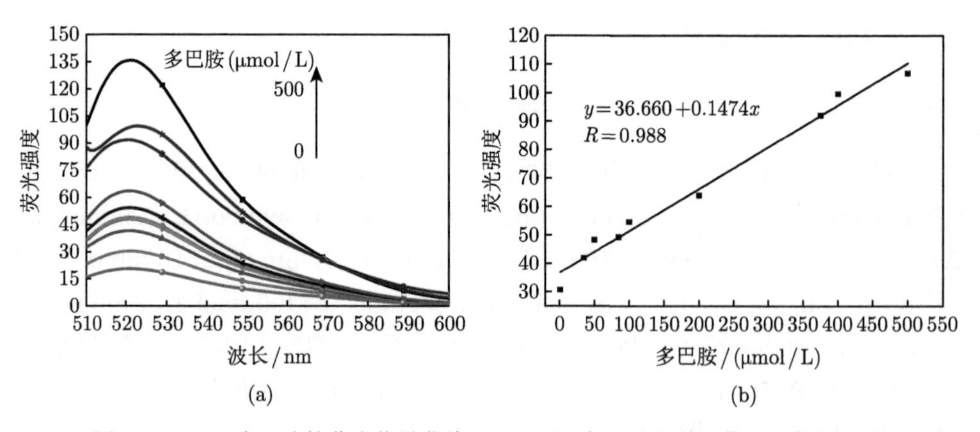

图 5.5.3　(a) 多巴胺的荧光信号曲线；(b) 不同多巴胺浓度和荧光强度的关系

5.5.2.2 核酸适体种类对传感器灵敏度的影响研究

灵敏度是传感器检测的重要参数之一，以被测物浓度为 x 轴，荧光信号变化为 y 轴作出的线性拟合曲线中，其斜率大小可在一定程度上反映传感器的灵敏度高低 [42]。斜率越大，代表输入信号变化相同时，输出信号的变化越大，即传感器灵敏度越高。由图 5.5.1(b)，图 5.5.2(b)，图 5.5.3(b) 可知，随着被测物浓度的增大，荧光强度均不断增强，但核酸适体种类不同，其荧光强度与浓度的拟合曲线斜率也不同，即传感器的灵敏度不同，如表 5.5.1 所示。

表 5.5.1 核酸适体的碱基种类和数量、解离常数与传感器灵敏度的关系

核酸适体	碱基 G/个	碱基 A/个	碱基 C/个	碱基 T/个	解离常数 KD	灵敏度 S
胰岛素	15	1	2	9	0.3~0.8μM[46]	16.0724
ATP	13	6	3	5	31μM[47]	1.4223
多巴胺	20	14	15	9	0.7μM [48]	0.1474

为了分析核酸适体种类对基于 GO 的荧光共振适体传感器灵敏度的影响，需先了解其检测原理，如图 5.5.4，在 GO 溶液中加入 FAM-核酸适体，由于 $\pi-\pi$ 堆积作用，单链核酸适体会尽量平铺在 GO 表面 [4]，导致荧光基团 FAM 与 GO 距离过近发生能量共振转移现象，荧光猝灭。而加入被测物后，由于核酸适体和被测物的高选择性结合，核酸适体脱离 GO，修饰在核酸适体上的 FAM 也因远离 GO 而产生荧光恢复现象，恢复光的强度与加入被测物的浓度呈线性关系。

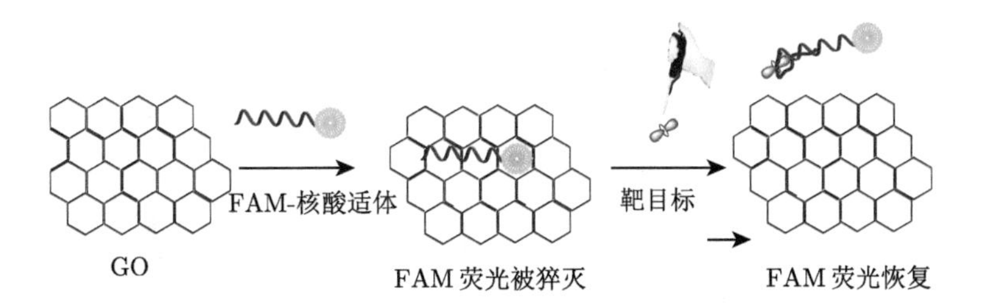

图 5.5.4 基于 GO 的荧光共振适体传感器检测原理图

由检测原理可知，传感器的灵敏度取决于加入被测物后，核酸适体与 GO 脱离的难易程度。假设核酸适体与 GO 的结合力用 F_1 表示，加入被测物后二者分离的能力用 F_2 表示，则传感器灵敏度与 F_2/F_1 的比值成正比。在 GO 相同的情况下，F_1 的大小主要与核酸适体中碱基的多少与种类有关，有研究表明不同碱基与 GO 的结合力是不同的，按结合力大小排序是 G > A > C > T，其中 C 和 T 的位置可以互换 [43]。以此为标准比较胰岛素 (INS)、ATP、多巴胺 (DA) 三种核酸适体与 GO 的结合力可知，多巴胺的核酸适体中 G 与 A 的碱基数量约为其他两种适体的两倍，如表 5.5.1，故三种适体与 GO 结合力的关系约为 $F_{1-\mathrm{DA}} \approx 2F_{1-\mathrm{ATP}} \approx 2F_{1-\mathrm{INS}}$。$F_2$ 的大小主要与核酸适体和被测物的亲和力有关，亲和力越大，则越容易脱离 GO。而筛选适体过程中核酸适体亲和力大小一般用解离常数 KD 来表示 [44−45]，三种适体与目标物的解离常数如表 5.5.1 所示，KD 数值越小，说明亲和力越高，故三种适体 F_2 的关系为 $F_{2-\mathrm{DA}} \approx 10F_{2-\mathrm{ATP}} \approx F_{2-\mathrm{INS}}$。

根据 F_2/F_1 的比值 $F_{2-\mathrm{DA}}/F_{1-\mathrm{DA}} \approx 5F_{2-\mathrm{ATP}}/F_{1-\mathrm{ATP}} \approx 0.5F_{2-\mathrm{INS}}/F_{1-\mathrm{INS}}$，可推算三种适体对应的传感器灵敏度的关系 $S_{\mathrm{DA}} \approx 5S_{\mathrm{ATP}} \approx 0.5S_{\mathrm{INS}}$ (灵敏度越高，则数值越大)。将推算结果与实际检测结果相比较，如表 5.5.1 所示，$S_{\mathrm{ATP}} \approx 0.1S_{\mathrm{INS}}$，ATP 与胰岛素的灵敏度分析结果与实验结果一致，而多巴胺的分析结果则相差较远。这是由于相比核酸适体，多巴胺分子表面也存在很多 $\pi-\pi$ 键，且多巴胺与 GO 的解离常数约为 0.3μM，加入被测物多巴胺后，多巴胺会优先与 GO 结合，而是不和核酸适体结合，实现荧光恢复 [49]。其检测原理如图 5.5.5 所示，当多巴胺占满 GO 的表面位点后，多余的多巴胺会吸引核酸适体与 GO 分离，核酸适体部分碱基脱离 GO 表面后又会露出部分位点被多巴胺占据。由于多巴胺分子属于小分子，分子量相当于核酸适体中的一个碱基，故要使一个多巴胺核酸适体从 GO 表面脱离需要约 50 个多巴胺分子占据其位点。考虑到此影响因素，多巴胺核酸适体的检测灵敏度应降低 50 倍，故三种适体对灵敏度的影响应为 $50F_{2-\mathrm{DA}}/F_{1-\mathrm{DA}} \approx 5F_{2-\mathrm{ATP}}/F_{1-\mathrm{ATP}} \approx 0.5F_{2-\mathrm{INS}}/F_{1-\mathrm{INS}}$，即 $S_{\mathrm{DA}} \approx 0.1S_{\mathrm{ATP}} \approx 0.01S_{\mathrm{INS}}$，此分析与实验结果一致。且检测过程中多巴胺最低检测浓度为 1μmol/L，远大于胰岛素的检测最低浓度 0.05μmol/L，进一步验证了图 5.5.5 所示过程。

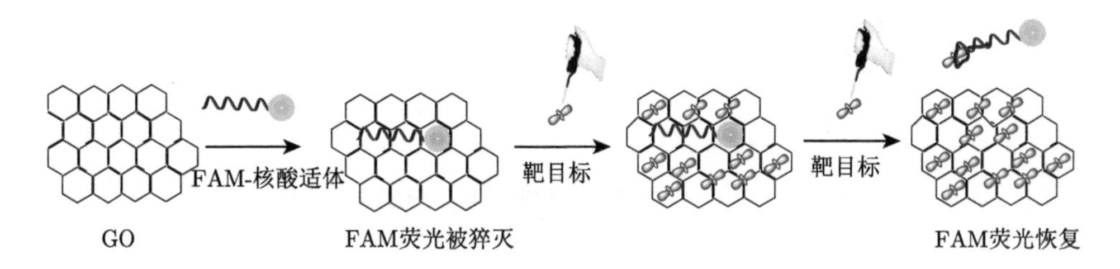

图 5.5.5　基于 GO 的荧光共振适体传感器检测多巴胺的原理图

5.6 本章小结

通过对不同浓度胰岛素、ATP、多巴胺的荧光检测，分析了核酸适体种类对基于 GO 的荧光共振适体传感器灵敏度的影响，结果表明，不同的核酸适体其传感器灵敏度相差较大，其中碱基的种类与数量、核酸适体与靶目标之间的解离常数、靶目标与 GO 之间是否有竞争结合等均会影响传感器的检测灵敏度。故同一原理的适体传感器实际应用时，其检测性能可能会大不相同，本分析为适体传感器的实际应用提供了研究基础。

参考文献

[1] Tran D T, Vermeeren V, Grieten L, et al. Nanocrystalline diamond impedimetric aptasensor for the label-free detection of human IgE [J]. Biosensors and Bioelectronics, 2011, 26(6): 2987-2993.

[2] You Y, Sahajwalla V, Yoshimura M, et al. Graphene and graphene oxide for desalination[J]. Nanoscale, 2016, 8(1): 117-119.

[3] 胡玉伟. 功能化石墨烯在 DNA 生物传感中的应用研究 [D]. 长春：吉林大学, 2013.

[4] Scully T. Diabetes in numbers[J]. Nature, 2012, 485(7398): S2-S3.

[5] Taghdisi S M, Danesh N M, Lavaee P, et al. Aptamer biosensor for selective and rapid determination of insulin[J]. Analytical Letters, 2015, 48(4): 672-681.

[6] Serafin V, Agüí L, Yáñez-Sedeño P. Eectrochemical immunosensor for the determination of insulin-like growth factor-1 using electrodes modified with carbon nanotubes-poly (pyrrole propionic acid) hybrids[J]. Biosensors & Bioelectronics, 2014, 52: 98-104.

[7] Yilmaz B, Arslan S, Asci A. HPLC method for determination of atenolol in human plasma and application to a pharmacokinetic study in turkey[J]. Journal of Chromatographic Science, 2012, 50(10): 920-927.

[8] Ensafi A A, Khoddami E, Rezaei B, et al. A supported liquid membrane for microextraction of insulin, and its determination with a pencil graphite electrode modified with RuO_2-graphene oxide[J]. Microchimica Acta, 2015, 182(9-10): 1599-1607.

[9] Yu Y N, Guo M S, Yuan M W, et al. Nickel nanoparticle-modified electrode for ultrasensitive electrochemical detection of insulin[J]. Biosensors & Bioelectronics, 2016, 77: 215-219.

[10] Amini N, Gholivand M B, Shamsipur M. Electrocatalytic determination of traces of insulin using a novel silica nanoparticles-Nafion modified glassy carbon electrode[J]. Journal of Electroanalytical Chemistry, 2014, 714: 70-75.

[11] Wang Y H, Gao D Y, Zhang P F, et al. A near infrared fluorescence resonance energy transfer based aptamer biosensor for insulin detection in human plasma[J]. Chemical Communications, 2014, 50(7): 811-813.

[12] Verdian-Doghaei A, Housaindokht M R. Spectroscopic study of the interaction of insulin and its aptamer - sensitive optical detection of insulin[J]. Journal of Luminescence, 2015, 159: 1-8.

[13] Pu Y, Zhu Z, Han D, et al. Insulin-binding aptamer-conjugated graphene oxide for insulin detection[J]. The Analyst, 2011, 136(20): 4138-4140.

[14] 王昆，陶占辉，徐蕾，等. 功能化核酸适配子传感器的研究进展 [J]. 分析化学，2014，42(2): 298-304.

[15] 杨绍明，李瑞琴，李红，等. 以甲苯胺蓝为电化学探针的核酸适配体传感器用于腺苷的检测 [J]. 分析测试学报，2015，34(4): 395-400.

[16] 袁涛，刘中原，胡连哲，等. 电化学和电化学发光核酸适体传感器 [J]. 分析化学，2011，39(7): 972-977.

[17] Yoshida W, Mochizuki E, Takase M, et al. Selection of DNA aptamers against insulin and construction of an aptameric enzyme subunit for insulin sensing[J]. Biosensors & Bioelectronics, 2009, 24(5): 1116-1120.

[18] Xu K, Meshik X, Nichols B M, et al. Graphene- and aptamer-based electrochemical biosensor[J]. Nanotechnology, 2014, 25(20): 1-8.

[19] 高原，李艳，苏星光. 基于石墨烯的光学生物传感器的研究进展 [J]. 分析化学，2013，41(2): 174-180.

[20] 黄河洲，贺蕴秋，李文有，等. 电化学法制备的还原氧化石墨烯薄膜及其光电性能研究 [J]. 发光学报，2014，35(2): 142-148.

[21] 董浩，赵晓晖，曲良东，等. 氧化石墨烯/硒化锌纳米光电材料的制备及其蓝光发射特性 [J]. 发光学报，2014，35(7): 767-771.

[22] Banerjee S K. Dopamine:an old target in a new therapy[J]. J. Cell Commun. Signal, 2015, 9(1): 85-86.

[23] Beaulieu J M, Espinoza S, Gainetdinov R R. Dopamine receptors–IUPHAR Review 13[J]. Br. J. Pharmacol., 2015, 172(1): 1-23.

[24] McCutcheon J E. The role of dopamine in the pursuit of nutritional value[J]. Physiology & Behavior, 2015, 152: 408-415.

[25] Palmatier M I, Kellicut M R, Brianna Sheppard A, et al. The incentive amplifying effects of nicotine are reduced by selective and non-selective dopamine antagonists in rats[J]. Pharmacol. Biochemistry and Behavior, 2014, 126: 50-62.

[26] Gepshtein S, Li X Y, Snider J, et al. Dopamine function and the efficiency of human movement[J]. J. Cogn. Neurosci., 2014, 26(3): 645-657.

[27] Domschke K,Winter B, Gajewska A, et al. Multilevel impact of the dopamine system on the emotion-potentiated startle reflex[J]. Psychopharmacology, 2015, 232(11): 1983-1993.

[28] Thurm F, Schuck N W, Fauser M, et al. Dopamine modulation of spatial navigation memory in Parkinson's disease[J]. Neurobiology of Aging, 2016, 38: 93-103.

[29] Abi-Dargham A. Dopamine dysfunction in schizophrenia[J]. Schizophrenia Research, 2014, 160(1-3): e6-e7.

[30] Mergy M A, Gowrishankar R, Davis G L, et al. Genetic targeting of the amphetamine and methylphenidate-sensitive dopamine transporter: on the path to an animal model of attention-deficit hyperactivity disorder[J]. Neurochemistry International, 2014, 73: 56-70.

[31] Zhang J, Huang Y F, Yan J, et al. Dulplex analysis of mercury and silver ions using a label-free fluorescent aptasensor[J]. International Journal of Environmental Analytical Chemistry, 2018, 98(4): 349-359.

[32] Zhang J, Yang C Z, Niu C Q, et al. A label-free fluorescent and logic gate aptasensor for sensitive ATP detection[J]. Sensors, 2018, 18(10): 3281.

[33] 刘兴奋, 王亚腾, 黄艳琴, 等. 基于水溶性共轭聚合物分子刷的高灵敏凝血酶生物传感器 [J]. 化学学报, 2016, 74(8): 34-38.

[34] Li X H, Sun W M, Wu J, et al. An ultrasensitive fluorescence aptasensor for carcinoembryonic antigen detection based on fluorescence resonance energy transfer from upconversion phosphors to Au nanoparticles[J]. Analytical Methods, 2018, 10(13): 1552-1559.

[35] Duan N, Gong W H, Wang Z P, et al. An aptasensor based on fluorescence resonance energy transfer for multiplexed pathogenic bacteria determination[J].Analytical Methods, 2016, 8(6): 1390-1395.

[36] Ren L J, Wei X, Hang X X, et al. Optimization of fluorescent aptamer sensor for ATP detection[J]. Journal of Physics: Conference Series, 2019, 1209(1): 012011.

[37] Furukawa K, Ueno Y, Takamura M,et al. Graphene FERT aptasensor [J]. ACS Sensors, 2016, 1(6): 710-716.

[38] 姜利英, 周鹏磊, 肖小楠, 等. 基于氧化石墨烯荧光适体传感器的多巴胺检测 [J]. 发光学报, 2016, 37(7): 881-886.

[39] 姜利英, 肖小楠, 周鹏磊, 等. 基于氧化石墨烯荧光适体传感器的胰岛素检测 [J]. 分析化学, 2016(2): 310-314.

[40] Tian J Y, Wei W Q, Wang J W, et al. Fluorescence resonance energy transfer aptasensor between nanoceria and graphene quantum dots for the determination of ochratoxin A[J]. Analytica Chimica Acta., 2018: 265-272.

[41] Wu J, Hou Y, Wang P Y, et al. Detection of lysozyme with aptasensor based on fluorescence resonance energy transfer from carbon dots to graphene oxide[J]. Luminescence., 2016, 31(6): 1207-1212.

[42] 林玉池, 曾周末. 现代传感技术与系统 [M]. 北京：机械工业出版社, 2009, 6: 99-101.

[43] Varghese N, Mogera U, Govindaraj A, et al. Binding of DNA nucleobases and nucleosides with graphene[J]. Chem Phys Chem., 2009, 10(1): 206-210.

[44] 段烨. 氯霉素核酸适体的筛选及基于核酸适体生物传感器的建立 [D]. 北京：北京化工大

学, 2016.

[45] Yang G, Zhu C, Liu X H, et al. Screening of clenbuterol hydrochloride aptamers based on capillary electrophoresis[J]. Chinese Journal of Analytical Chemistry, 2018, 46(10): 1595-1603.

[46] Malik R, Roy I. Stabilization of bovine insulin against agitation-induced aggregation using RNA aptamers[J].International Journal of Pharmaceutics. 2013, 452(1-2): 257-265.

[47] Biniuri Y, Albada B, Willner I. Probing, ATP/ATP-aptamer or ATP-aptamer mutant complexes by microscale thermophoresis and molecular dynamics simulations: discovery of an ATP-aptamer sequence of superior binding properties[J]. The Journal of Physical Chemistry B, 2018, 122(39): 9102-9109.

[48] Gao L F, Ju L, Cui H. Determination of the binding constant of specific interactions and binding target concentration simultaneously using a general chemiluminescence method[J]. RSC Advances. 2016, 6(7): 5305-5311.

[49] 李云宇. 基于纳米材料荧光检测生物分子的研究 [D]. 湘潭：湘潭大学, 2015.

第 6 章　基于纳米金和碳量子点的无标记荧光适体传感器

6.1　碳量子点的制备与表征

6.1.1　碳量子点概述

碳量子点 (CQDs) 不仅具有传统半导体量子点的优良光致发光性能，还具有毒性低、生物相容性好、化学稳定性高、耐光漂白性强和易于表面修饰等优点，在生物成像 [1]、荧光标记、药物运输、金属离子检测 [2]、光催化、生物传感器等方面具有重要的应用潜力 [3,4]。现有的碳量子点制备方法主要有两类 [5]：自上而下法和自下而上法。其中自上而下法是利用各种方法将较大的碳结构裁剪为纳米尺寸，从而制备碳量子点，如弧放电法、激光销蚀法、电化学氧化法等，通常需要复杂的仪器设备或操作步骤，成本较高，不易推广；而自下而上法是通过加热、微波、超声处理等方式，将一些富含碳的分子前驱体合成碳量子点，成本较低，应用前景广泛，如水热法、溶剂热法、微波辅助法、超声振荡法。

超声振荡法一般过程简单，成本低廉，且不会产生二次污染 [6]，利用超声振荡法制备纳米颗粒的研究也非常丰富 [7−9]。超声振荡法制备碳量子点是将碳源 (如淀粉、蔗糖、活性炭等) 和辅助物 (盐酸、硫酸、氢氧化钠、氨水等) 按一定比例混合后超声处理一段时间，去除多余的酸、碱和不发光成分，即可得到水溶性碳量子点。2011 年李海涛等利用一步超声振荡法制备出了荧光量子点产率 6%∼8% 的水溶性碳量子点，不仅在可见光发光，还具有近红外光振荡发射和上转换发光现象，在生物检测领域前景广阔 [10,11]。此外，国内外关于超声振荡法制备碳量子点相关材料的研究也很多 [12,13]，如掺氮碳量子点 (N-CQDs)[14]、CQDs/Cu_2O 复合材料 [15]、碳纳米同位素 (carbon nano-allotrope)[16] 200nm 碳纳米颗粒 [17] 等。但以上研究中多是通过改变碳源或添加其他材料制备不同尺寸、掺杂或修饰的碳量子点，并未研究超声振荡法制备碳量子点的工艺参数与发光性能之间的关系。

为优化超声振荡法制备碳量子点的各工艺参数，项目制备了关键工艺参数不同的碳量子点样品，测试其发射与激发光谱，分析了量子点浓度，溶剂种类，辅助剂种类、浓度，超声功率、时间等参数对碳量子点发光性能的影响。不仅为优化超声振荡法制备碳量子点的工艺参数提供了理论基础，还有利于碳量子点大规模低成本的生产与应用。研究过程如下：

6.1.2　碳量子点的制备方法

将 10mL 葡萄糖水溶液与 10mL 标准盐酸溶液按体积比 1:1 混合，超声处理一段时间后，取出在烘箱中 80°C 处理 6h，即可得到辅助剂为盐酸时的碳量子点样品。改变葡萄糖的浓度 ($HC_1 \sim HC_5$)，超声功率 ($HP_1 \sim HP_3$)，超声时间 ($Ht_1 \sim Ht_4$) 可得到不同工艺条件下的碳量子点样品，如表 6.1.1。

表 6.1.1　超声振荡法制备碳量子点的关键工艺参数

样品编号	葡萄糖浓度 /(mol/L)	HCl 浓度 (质量分数)	NaOH 浓度 /(mol/L)	超声功率 P/W	超声时间 t/h
HC_1	0.5	36%～38%	0	400	4
HC_2	1				
HC_3	1.5				
HC_4	2				
HC_5	2.5				
NC_1	1	0	0.5	400	4
NC_2			0.75		
NC_3			1.0		
NC_4			1.25		
NC_5			1.5		
HP_1	0.5	36%～38%	0	200	4
HP_2				300	
HP_3				350	
NP_1	1	0	1.5	200	4
NP_2				300	
NP_3				350	
Ht_1	0.5	36%～38%	0	400	2
Ht_3					12
Ht_4					16

将 10mL1mol/L 葡萄糖水溶液与 10mLNaOH 溶液按体积比 1:1 混合，超声处理一段时间，取出后调节溶液 pH = 7，逐滴加入 100mL 无水乙醇并搅拌，再加入 12%(质量分数) 的硫酸镁，搅拌 20min 存储 24h，即可得到辅助剂为 NaOH 时的碳量子点样品。改变 NaOH 溶液浓度 ($NC_1 \sim NC_5$)，超声功率 ($NP_1 \sim NP_3$) 可得到不同工艺条件下的碳量子点样品，如表 6.1.1。碳量子点的发射和激发光谱均由日立 F-7000 荧光分光光度计在室温下测试得到。

6.1.3 碳量子点的发光性能研究

6.1.3.1 超声振荡法制备碳量子点的发光性能

图 6.1.1(a) 是以盐酸为辅助剂制备的碳量子点水溶液的发射光谱，由图可知 400~550nm 波长激发下，碳量子点发射峰强度先增加后减小，且波峰位置出现红移现象 (从 550nm 移动到 577nm)。其中激发波长为 495nm 时，发射峰强度最大，位于 561nm。图 6.1.1(b) 是以 NaOH 为辅助剂制备的碳量子点乙醇溶液的发射光谱，在 350~500nm 波长激发下，碳量子点发射峰强度先增加后减小，峰值位置同样出现红移现象 (445nm 移动到 560nm)。激发波长为 420nm 时，发射峰强度最大，位于 505nm。分析图 6.1.1 中两种碳量子点在不同激发波长下的发射光谱可知，发射峰位置随激发波长的变化而发生明显改变，说明利用超声振荡法制备的碳量子点具有典型的激发光波长依赖性。

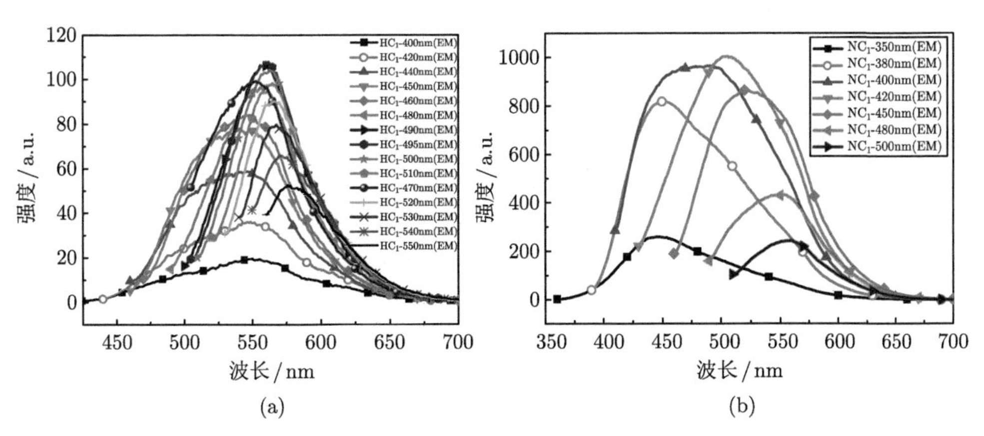

图 6.1.1 (a) HC_1 在纯水中的发射光谱 ($\lambda_{ex}: 400 \sim 550$nm)；(b) NC_1 在乙醇中的发射光谱 ($\lambda_{ex}: 350 \sim 500$nm)

6.1.3.2 碳量子点发光性能的影响因素分析

1) 碳量子点浓度对发光性能的影响

为了研究超声振荡法制备的碳量子点浓度对发光性能的影响，分别将 1mL 样品 HC_3 (水：6mL、8mL、10mL) 与 HC_5 (水：2mL、4mL、6mL、9mL、12mL) 用不同体积的纯水稀释，图 6.1.2 为稀释前后样品的发射光谱。由图可知，随着浓度的增加，碳量子点的发射峰强度先增大后减小，出现了荧光猝灭现象。这是由于随着量子点浓度的增加，碳量子点之间的距离逐渐减小，相互作用增强，非辐射能量传递增加；且相近的碳量子点之间会发生团聚沉降现象，二者共同作用使碳量子点发光产生了猝灭现象 [18]。

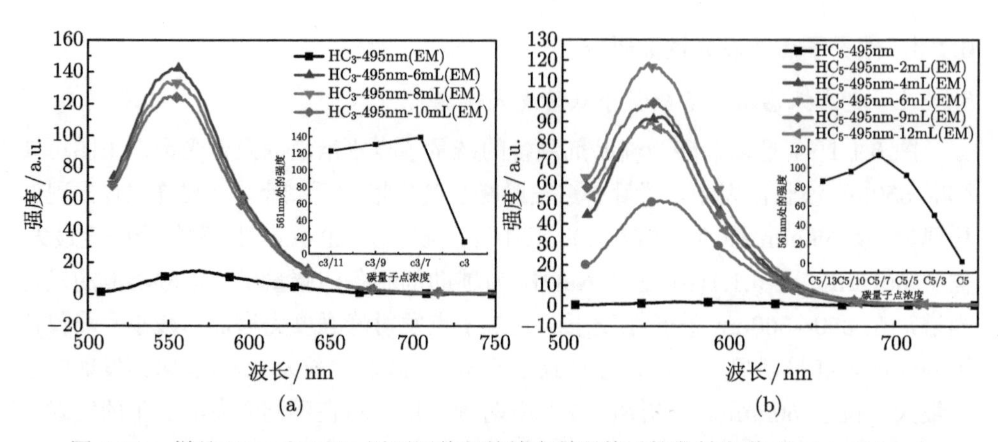

图 6.1.2　样品 HC_3 和 HC_5 用不同体积的纯水稀释前后的发射光谱 ($\lambda_{ex} = 495nm$)

2) 溶剂种类对碳量子点发光性能的影响

取等量的 HC_1 固体 (冷冻干燥后的样品) 分别溶解在 6mL 的纯水和无水乙醇中，测量其发射与激发光谱如图 6.1.3 所示。HC_1 样品在纯水和乙醇溶液中均表现出了波长依赖性，同一激发波长下，碳量子点在乙醇溶液中发光更强，且乙醇中碳量子点的激发与发射峰相比水溶液中波长较短。说明溶剂对碳量子点的发光有影响，由于溶剂效应 [19,20]，溶剂极性变化 (水的极性大于乙醇)，碳量子点表面与溶剂分子之间的相互作用发生改变，影响其发光波长与强度。

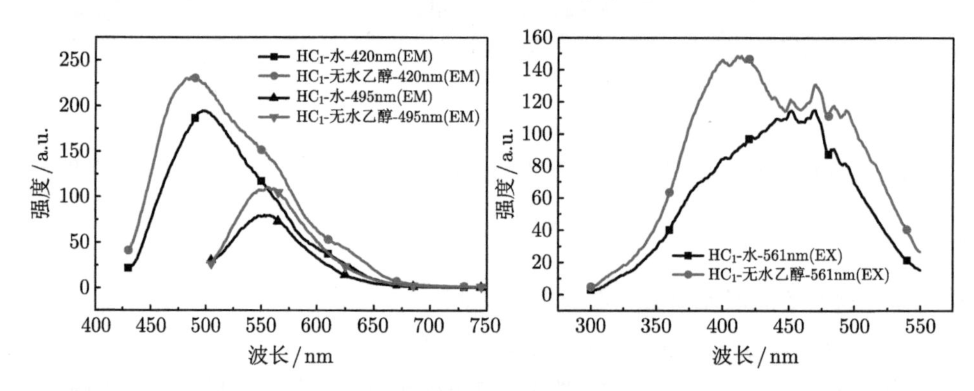

图 6.1.3　样品 HC_1 在纯水和无水乙醇中的发射 (λ_{ex}=420nm、495nm) 与激发光谱 (λ_{em}=561nm)

3) 辅助剂种类对碳量子点发光性能的影响

为了研究超声振荡过程中辅助剂的种类对碳量子点发光性能的影响，分别将盐酸与 NaOH 作为辅助剂加入等量的葡萄糖溶液中制备碳量子点，如样品 HC_2 与 NC_3，具体制备参数见表 6.1.1。取等量的冷冻干燥后的 HC_2 与 NC_3 样品分别溶解在 4mL 无水乙醇中，测量其发射与激发光谱如图 6.1.4。由图可知，当葡萄糖为 1mol/L 时，以 1mol/L 的 NaOH 为辅助剂制备的碳量子点发光强度远强于以 12mol/L 的标准盐酸为辅助剂制备的碳量子点样品。这是由于以 NaOH 为辅助剂制备碳量子点时，量子点表面钝化程度较高 [19]，量子产率较大，且相近的量子点之间不易团聚而发生荧光猝灭。

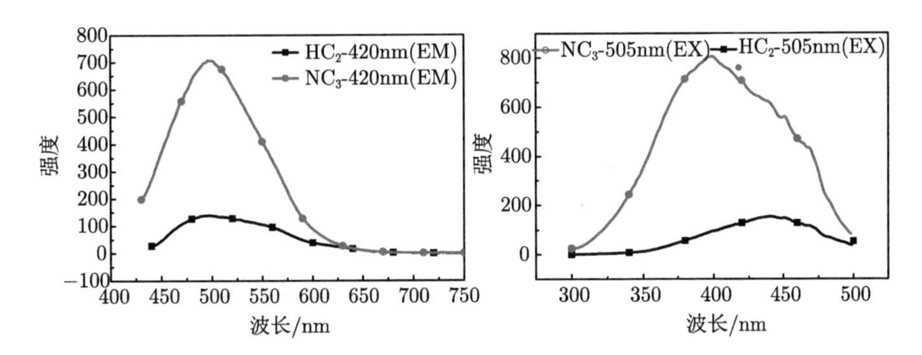

图 6.1.4 样品 HC_2 与 NC_3 在无水乙醇中的发射 ($\lambda_{ex}=420nm$) 与激发光谱 ($\lambda_{em}=505nm$)

4) 碳源与辅助剂比例对碳量子点发光性能的影响

为了研究碳源与辅助剂比例大小对碳量子点发光性能的影响，分别调节盐酸、NaOH 与葡萄糖的浓度比例，测量碳源浓度不同时碳量子点的发射光谱如图 6.1.5。由图 6.1.5(a) 可知，盐酸浓度不变，增加葡萄糖溶液浓度，碳量子点发射光强不断下降。这是由于增加碳源 (葡萄糖) 浓度后，超声过程中分子间碰撞加剧，制备出了更多的碳量子点，而碳量子点溶液随浓度增加会出现荧光猝灭现象，如上文所述。稀释样品 $HC_2 \sim HC_5$ 即可得到未猝灭的碳量子点发光，如图 6.1.5。

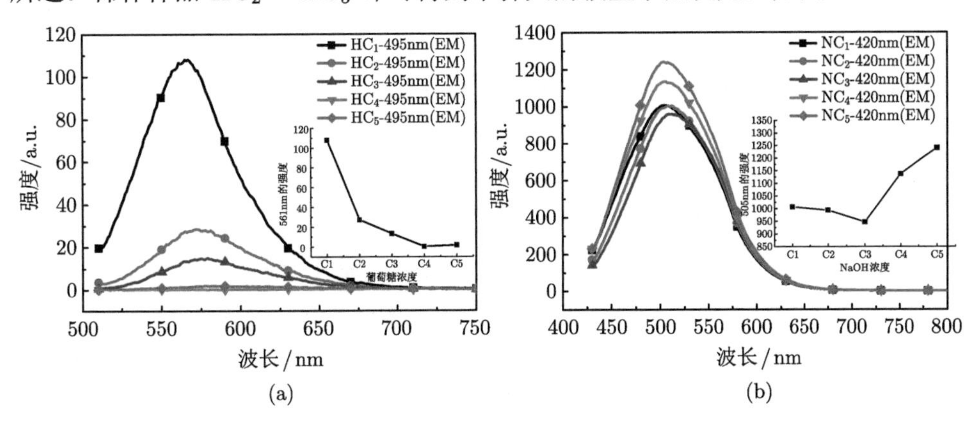

图 6.1.5 (a) $HC_1 \sim HC_5$ 在纯水中的发射光谱 ($\lambda_{ex}=495nm$)；(b) $NC_1 \sim NC_5$ 在无水乙醇中的发射光谱 ($\lambda_{ex}=420nm$)

由图 6.1.5(b) 可知，葡萄糖浓度不变，增加辅助剂 NaOH 溶液的浓度，碳量子点发射峰强度呈增强趋势。这是由于增加 NaOH 浓度后，生成的碳量子点表面钝化程度增强，量子产率增大。

5) 超声功率对碳量子点发光性能的影响

超声振荡法是将超声过程中产生的交替高压波与低压波作用于碳源，形成微小气泡，该气泡在超声作用下受到振动并不断生长，当其能量达到某个阈值时，气泡急剧崩溃，流体高速碰撞并产生强烈的流体剪切力，加速碳源分解，得到碳颗粒 [10]。其中超声功率与时间的多少对碳颗粒的尺寸与含量有直接影响，为了研究超声功率对碳量子点发光性能的影响，分别制备了以盐酸与 NaOH 为辅助剂时，不同超声功率下的碳量子点样品 $HP_1\sim HP_3$ 与 $NP_1\sim NP_3$，测试发射光谱如图 6.1.6。随着超声功率的增加，两种辅助剂制备的碳量子点发射峰均不断增大。这是由于超声功率越大，气泡越容易集聚能量达到阈值，崩溃需要的时间越短。故同等时间下，超声功率越大，崩溃气泡数量越多，制备出的碳量子点浓度越多，发光越强。

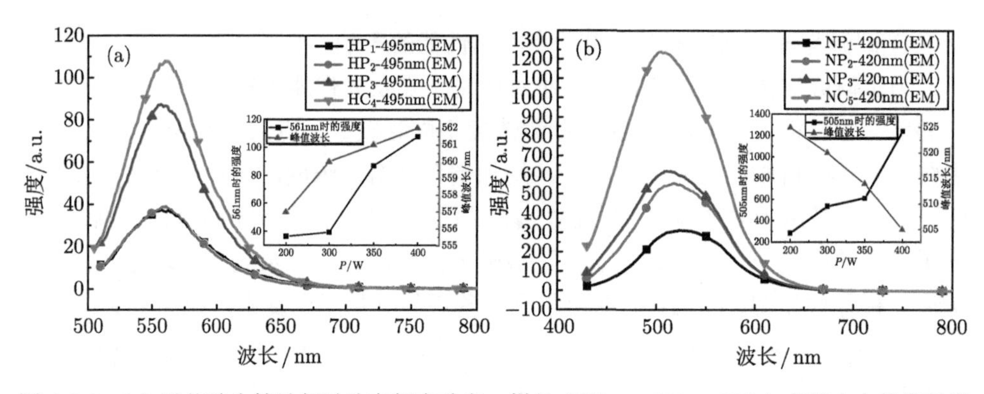

图 6.1.6　(a) 以盐酸为辅助剂时改变超声功率，样品 ($HP_1\sim HP_3$、HC_1) 在纯水中的发射光谱 ($\lambda_{ex}=495$nm)；(b) 以 NaOH 为辅助剂时改变超声功率，样品 ($NP_1\sim NP_3$、NC_5) 在无水乙醇中的发射光谱 ($\lambda_{ex}=420$nm)

此外，超声功率不同时，发射波长会出现微弱蓝移 (图 6.1.6(b)) 或红移 (图 6.1.6(a)) 现象。这是由于溶剂为乙醇时，碳量子点发射波长较水溶液中有蓝移。即水溶液中碳量子点浓度越大，其表面与周围的水分子间的相互作用越强，发射波长越长；乙醇溶液中碳量子点浓度越大，其表面与周围的乙醇分子间的相互作用越强，发射波长越短。这一结论也与图 6.1.2 所示结果一致，稀释 HC_3 与 HC_5 样品，碳量子点发射光波长向短波方向移动。

6) 超声时间对碳量子点发光性能的影响

为了研究超声时间对碳量子点发光性能的影响，以盐酸为辅助剂制备不同超声时间下的碳量子点样品 Ht_1、HC_1、Ht_3、Ht_4，测试其发射光谱如图 6.1.7(a)。随着超声时间的增加，碳量子点发射峰位置基本不变，发射峰强度先增加后减小，最后基本保持不变。这可能是由于随着超声时间的增加，超声振荡中形成的气泡崩溃现象越来越多，制备出的碳量子点浓度增加，发光增强；超声时间继续增加，碳量子点之间的距离达到临界值，相近的碳量子点之间发生团聚沉降现象，溶液中可发光的碳量子点数量减少，荧光强度减弱。如图 6.1.7(b)，1mL Ht_3 样品加入 2mL 纯水稀释，稀释后碳量子点的发光强度大幅减弱，说明此时溶液中可发光的碳量子点浓度较低；超声时间再次增加，由于反应过程中碳源数量有限，碳量子点浓度基本保持不变。

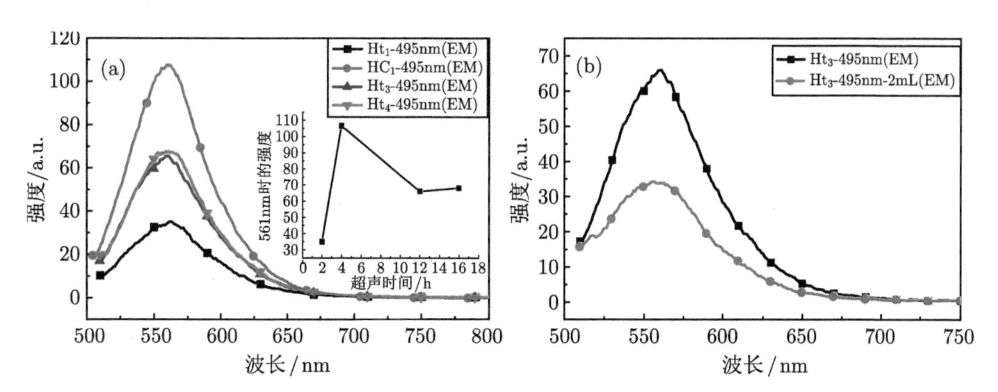

图 6.1.7 (a) 以盐酸作为辅助剂时改变超声时间，样品 (Ht_1、HC_1、Ht_3、Ht_4) 在纯水中的发射光谱 ($\lambda_{ex} = 495$nm)；(b) 样品 Ht_3 稀释前后的发射光谱 ($\lambda_{ex} = 495$nm)

6.1.4 小结

综上所述，超声振荡法制备的碳量子点具有激发光波长依赖性，其发光性能受碳量子点浓度，溶剂种类，辅助剂种类、浓度，超声功率、时间等参数的影响。

其中碳量子点浓度增加，发光强度由于非辐射能量传递和团聚作用，先增大后减小；同一激发波长下，相比纯水，碳量子点在乙醇中发光强度较强，波长较短，且浓度越大时波峰移动越明显；相比盐酸，以 NaOH 为辅助剂制备的碳量子点表面钝化程度较高，发光强度更强；增加碳源浓度可制备出更多的碳量子点，增加辅助剂 NaOH 浓度可提高量子点表面钝化程度，增大发光强度；同等时间下增加超声功率或同等功率下适量增加超声时间，可得到更多的碳量子点样品，但超声时间过长，碳量子点容易发生团聚，减弱荧光强度。

6.2 纳米金的制备与表征

6.2.1 纳米金概述

金纳米颗粒/纳米金具有生物相容性好、化学稳定性高且毒性低的优点，在生物传感器 [21]、金属离子检测 [22]、催化反应 [23] 等方向具有应用潜力。纳米金的制备有多种方法，总体上可以划分为两类“自上而下”法以及“自下而上”法 [24]。其中“自上而下”法主要是利用物理的手段，对大块的金进行击破打碎使其颗粒逐步逼近纳米级，即可制得纳米金。物理法原理虽然简单，但在实际应用当中却难以实施，一方面是物理手段所使用的仪器比较昂贵，另一方面是物理法最终得到的纳米金颗粒的尺寸及形状不可控且成本较高。“自下而上”的方法多为化学法 [25]，使用含有金的化合物，利用还原反应将化合物中的金离子还原出来，从而制备纳米金。化学法制备成本低且过程可控，应用前景广泛，如白磷还原法、抗坏血酸还原法、硼氢化钠还原法、柠檬酸钠还原法等。

柠檬酸钠还原法的制备过程简单，成本低廉，且制备条件易控制，所制备的纳米金具有可调区间广的优点 [26]。柠檬酸钠还原法，即将氯金酸与柠檬酸钠混合后在一定温度下加热一段时间，最终得到金纳米颗粒溶液的方法。在制备时不同的制备参数可得到不同的纳米金，纪小会等 [27] 发现不同 pH 下所制备的纳米金尺寸不同，Sivaraman 等 [28] 通过逆转反应溶液的加入次序来制备小尺寸的纳米金，Tyagi 等 [29] 在室温下合成。此外对于柠檬酸钠还原法的研究也有很多，如对反应过程进行数学建模 [30]、研究反应过程 [31]、反应过程中其他隐含制备参数的影响 [32] 等。但以上的研究集中于反应过程以及反应过程中的产物对纳米金的影响，并未系统研究柠檬酸钠还原法的制备工艺对纳米金的影响。

文章通过调节柠檬酸钠还原法中的反应物浓度、加入次序、反应体系 pH、保温温度、搅拌速率以及保温时间等关键工艺参数，应用紫外–可见光谱分析各个工艺参数对所形成的金纳米颗粒的影响。为柠檬酸钠还原法制备金纳米颗粒的工艺参数优化提供了理论基础，有利于纳米金的规模化制备以及推广应用。

6.2.2 纳米金的制备方法

盐酸 (HCl)、氢氧化钠 (NaOH)、柠檬酸钠 ($C_6H_5Na_3O_7 \cdot 2H_2O$)、氯金酸 ($HAuCl_4 \cdot 3H_2O$) 购置于国药集团化学试剂有限公司。以上试剂均为 AR 级。称量使用 ME204 称量天平 (Mettler Toledo, Switzerland)，超纯水由 PURELAB Option-R (ELGA LabWater, UK) 制备，所有溶液 pH 值的检测使用 FE-20K-meter (Mettler Toledo, Switzerland)。加热及搅拌使用 SHJ-2CD 水浴锅，紫外–可

见光谱由 TU-1901 双光束紫外可见分光光度计获得。

称取 1g 氯金酸溶于 100mL 超纯水，制备 1%(质量分数) 的 $HAuCl_4$ 溶液 4°C 存储备用 (A 溶液)。称取 1g 柠檬酸钠溶于 100mL 超纯水制备 1%(质量分数) 的 $C_6H_5Na_3O_7$ 溶液 (B 溶液)。

不同柠檬酸钠浓度样品：固定反应体积为 50mL，A 溶液 500μL 与超纯水混合，加热至 95°C，添加 B 溶液，B 溶液的用量从 0.125mL 增加至 15mL，保温 40min (Frens 法)。固定反应体积为 50mL，取 B 溶液与超纯水混合加热至 95°C，添加 500μL A 溶液，B 溶液的用量从 0.5mL 增加至 5mL，保温 40min ("逆"Frens 法)。

不同 pH 下的样品：固定反应体积为 50mL，A 溶液 500μL 与超纯水混合，使用 NaOH 或 HCl 调节至所需 pH，加热至 95°C，添加 B 溶液 2mL，保温 40min。

不同保温温度、保温时间、搅拌速率的样品：取出 500μL 的 A 溶液与 47.5mL 的超纯水混合并加热至保温温度，加入 B 溶液 2mL，进行保温。在保温的阶段设置不同的保温温度 (80~95°C) 可制得不同保温温度下的样品，保温时使用不同的搅拌速率 (低、中、高) 可制得不同搅拌速率下的纳米金，保温不同的时间 (5~60min) 可制得不同保温时间下的样品。

Frens 法、"逆"Frens 法以及不同 pH 下制得样品的紫外–可见光谱：取保温 40min 以上溶液 2mL 并置于冰水中冷却 5min 用于测试。不同保温温度、保温时间、搅拌速率样品的紫外–可见光谱：从 B 溶液加入时开始计时，按所需时间取液 2mL 并置于冰水中冷却 5min 用于测试。

6.2.3 纳米金的尺寸与浓度影响因素分析

6.2.3.1 金纳米颗粒的表征方法

金纳米颗粒的表征一般采用 TEM 或紫外–可见吸收光谱 [33,34]，其中 TEM 对粒径的测量最为准确，但只能观察到局部颗粒的尺寸，如图 6.2.1(a)，无法对大量颗粒的粒径分布状态进行表征；紫外–可见吸收光谱可通过峰位、峰值、带宽等估算出纳米金的粒径分布状态与浓度 [35]，如图 6.2.1(b)，是最常见的一种金纳米表征方法，以下研究中均采用此方法。

6.2.3.2 柠檬酸钠浓度对纳米金尺寸的影响

柠檬酸钠还原法是利用柠檬酸钠还原氯金酸制得纳米金的，柠檬酸钠浓度对氯金酸的还原程度和纳米金的尺寸有较大影响。不同柠檬酸钠浓度制备的纳米金样品测试结果如图 6.2.2，柠檬酸钠加入体积低于 0.125mL 时，没有明显的吸收峰，说明此时没有纳米金生成；体积达到 0.25mL 时，537nm 处出现明显吸收峰说明有纳米金生成；增大柠檬酸钠至 1.5mL，吸收峰由 537nm 不断蓝移至 520nm，即纳米金尺寸不断减小；继续增加柠檬酸钠用量，吸收峰发生红移现象，纳米金尺寸开始逐渐增大，当柠檬酸钠加入量为 4mL 时，吸收峰红移至 525nm，之后继续增加柠檬酸钠含量，纳米金尺寸基本保持不变。分析其原因，纳米金制备过程要经历成核、生长两个过程 [36]，当柠檬酸钠浓度较低时 (体积小于 1.5mL)，纳米金多数处于成核时期，尺寸较小，此时增加柠檬酸钠浓度只会增加新成核的数量，导致纳米金整体尺寸减小；柠檬酸钠浓度达到一定限度后 (体积大于 1.5mL)，纳米金多数处于生长时期，此时增加柠檬酸钠浓度，成核数量基本不变，但会通过核生长导致纳米金的尺寸不断增大；当柠檬酸钠体积达到 4mL 时，纳米金多数处于生长饱和状态，此时，再增加柠檬酸钠浓度，纳米金的尺寸也基本保持不变。

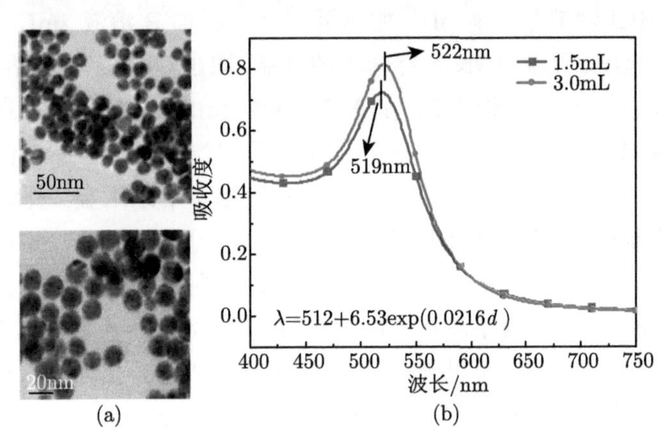

图 6.2.1　(a) 柠檬酸钠还原法制备金纳米颗粒的 TEM；(b) 为对应的紫外–可见吸收光谱

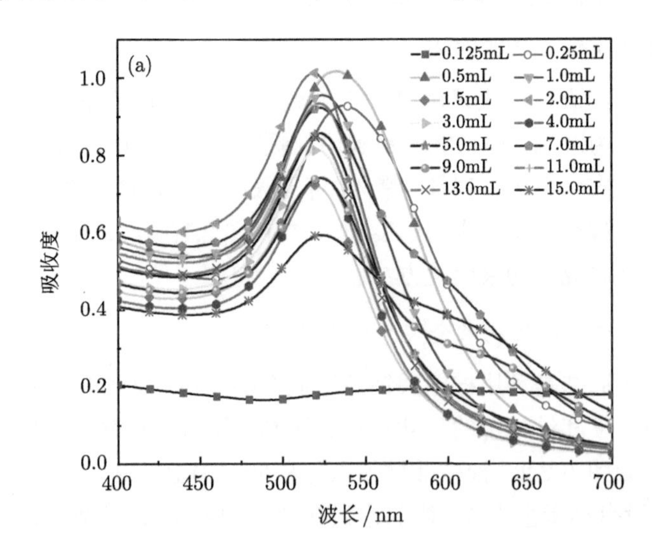

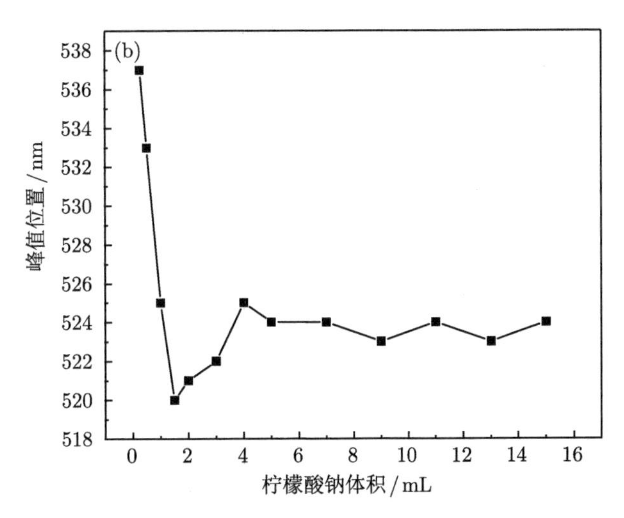

图 6.2.2 (a) 柠檬酸钠体积不同时，纳米金的吸收光谱；(b) 柠檬酸钠体积与纳米金吸收峰对应波长的关系

6.2.3.3 柠檬酸钠加入顺序对纳米金尺寸的影响

柠檬酸钠在反应中充当还原剂、保护剂以及 pH 调节剂，其加入顺序对纳米金的尺寸有较大影响。将柠檬酸钠加入氯金酸制备纳米金的方法称为 Frens 法，反之，将氯金酸加入柠檬酸钠的制备方法称为"逆"Frens 法。改变柠檬酸钠浓度，"逆"Frens 法制备的纳米金紫外–可见吸收光谱如图 6.2.3(a)，比较柠檬酸钠浓度一样时，Frens 法与"逆"Frens 法的制备样品的尺寸如图 6.2.3(b)，柠檬酸钠浓度改变时，Frens 法与"逆"Frens 法制备的纳米金尺寸变化趋势基本一致。但"逆"Frens 法所制得的纳米金尺寸要小于 Frens 法。这是由于成核速率的影响，Frens 法中 $HAuCl_4$ 周围的柠檬酸根相对较少，成核较慢；而"逆"Frens 法中 $HAuCl_4$ 周围的柠檬酸根相较于前者较多，成核较快，新形成的核一般尺寸较小，所以该方法制备的纳米金尺寸稍小 [28]。

以上研究中，不管是柠檬酸钠浓度的改变或是加入顺序的改变，均会影响纳米金的尺寸，分析其原因可能是柠檬酸根浓度不同，所以反应液 pH 不同，进而影响了反应过程。为了探究 pH 的影响，在柠檬酸钠与氯金酸浓度比不变的情况下，通过 NaOH 或 HCl 调节反应液 pH，制备了不同的纳米金样品。其紫外-可见光谱如图 6.2.4(a) 所示，在 pH 为 2 时没有明显的吸收峰，未生成纳米金；当 pH 大于 3 之后随着 pH 的改变吸收峰也呈现出不同的形式，其吸收峰位变化如图 6.2.4(b) 所示，pH 由 3 增加至 3.5 时吸收峰位由 528nm 蓝移至 522nm，pH 继续增大则吸收峰位逐渐红移。

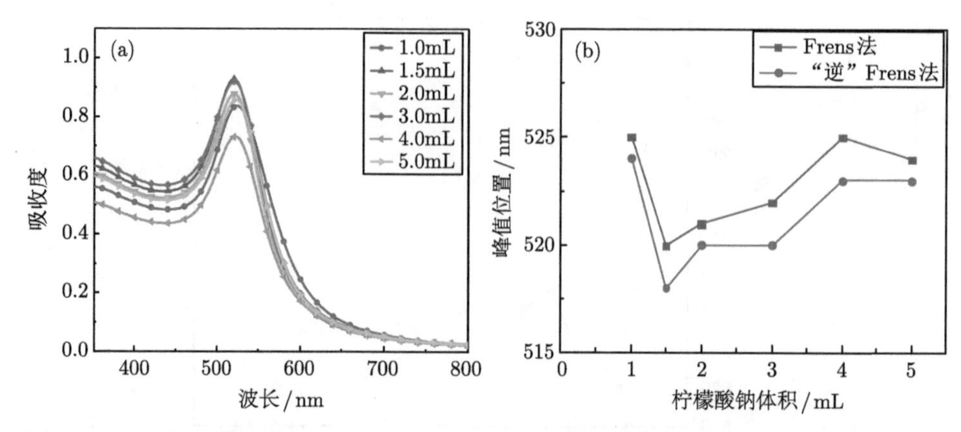

图 6.2.3 (a) 柠檬酸钠体积不同时，"逆"Frens 法制备的纳米金吸收光谱；(b) Frens 法与"逆"Frens 法中柠檬酸钠体积与纳米金吸收峰对应波长的关系

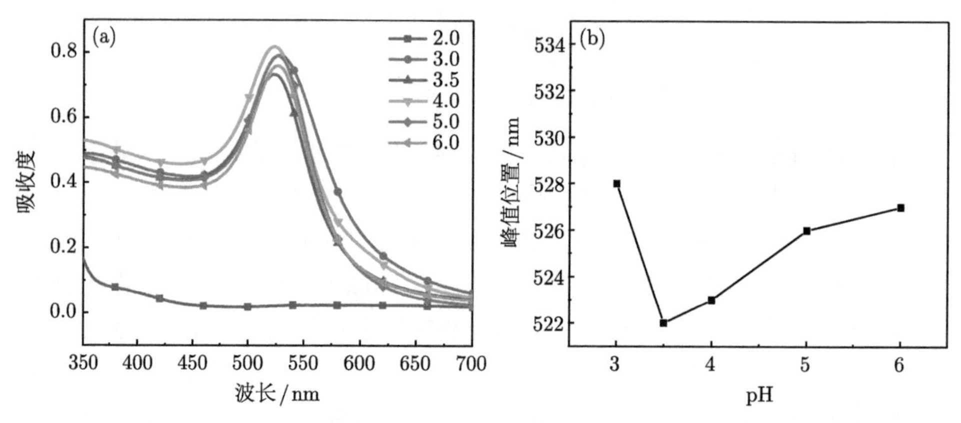

图 6.2.4 (a) 不同 pH 条件下制备纳米金的吸收光谱；(b) pH 与纳米金吸收峰对应波长的关系

分析这种现象可能是纳米金的两种生长路线所导致的 [7]，在 pH 低于 6.5 时纳米金的生成路线为成核、聚集、平整，当 pH 高于 6.5 时纳米金的生成路线为成核、生长。成核的数量以及成核的速率影响着所生成的纳米金，成核数量越多所生成的纳米金颗粒越小，成核速率越快所生成的纳米金颗粒越小。不同 pH 时制备所得纳米金尺寸不同且呈现出先下降后上升的趋势。这是由于在 pH 为 3 的时候加入 2mL 的柠檬酸钠 pH 变化为 4.95，成核、聚集过程进行得较快，成核浓度高，导致尺寸较小；而当 pH 为 3.5、4、5、6 时加入 2mL 的柠檬酸钠后 pH 变化为 6.79、6.96、7.21、7.36，此时在成核–生长这个模型中，随着 pH 的增加核浓度降低，纳米金尺寸增加。该变化与柠檬酸钠浓度引起的尺寸变化趋势一致，

进一步验证了分析的正确性。

6.2.3.4 保温时间与温度对纳米金浓度的影响

除了柠檬酸钠的浓度与加入顺序外，柠檬酸钠与氯金酸加热后的保温温度与时间同样影响着纳米金的尺寸与产量 [37]。实验制备了保温温度不同、时间相同的纳米金样品，其吸收光谱如图 6.2.5，随着温度变化，纳米金尺寸不断变化，浓度也随之变化。分析同一温度下，不同保温时间对纳米金尺寸与浓度的影响，如图 6.2.6。

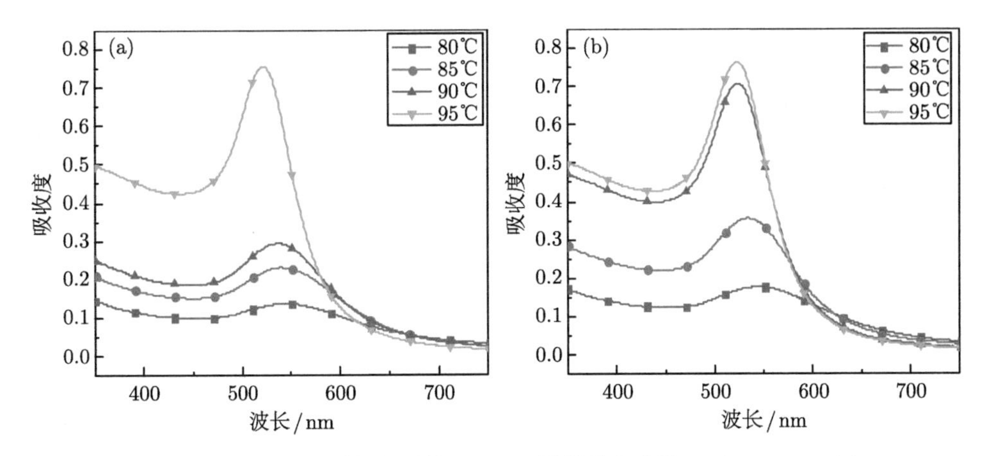

图 6.2.5 保温温度不同、时间相同的 AuNPs 样品吸收光谱：(a) 15min；(b) 30min

随着反应时间的增加，纳米金的浓度不断增加，尺寸不断减小。由图 6.2.6(c) 可知，反应温度较高的样品会更快地达到浓度阈值，且当反应时间足够时，温度高低不影响纳米金的最终浓度。由图 6.2.6(d) 可知，反应温度较高的样品会更快地达到尺寸阈值，且当反应时间足够时，温度高低不影响纳米金的最终尺寸。由此可知，反应温度与时间是相互影响的，高温度短时间与低温度长时间可实现同样浓度和尺寸的纳米金制备。

6.2.3.5 搅拌速率对纳米金浓度的影响

搅拌速率同样对纳米金的反应过程有影响 [38]，图 6.2.7 为不同搅拌速率所制备的纳米金紫外–可见吸收光谱。在开始的一个阶段搅拌速率越快越有利于成核，但在一段时间后差异逐步消失，这是由于在反应前期搅拌速率加速了成核的过程，完成了成核的过程，搅拌速率对反应过程的影响也就逐步减弱。最终反应时间足够长时，搅拌速率不同纳米金浓度应不会发生改变。即制备同等浓度的纳米金样品，提高搅拌速率可相应缩短反应时间。

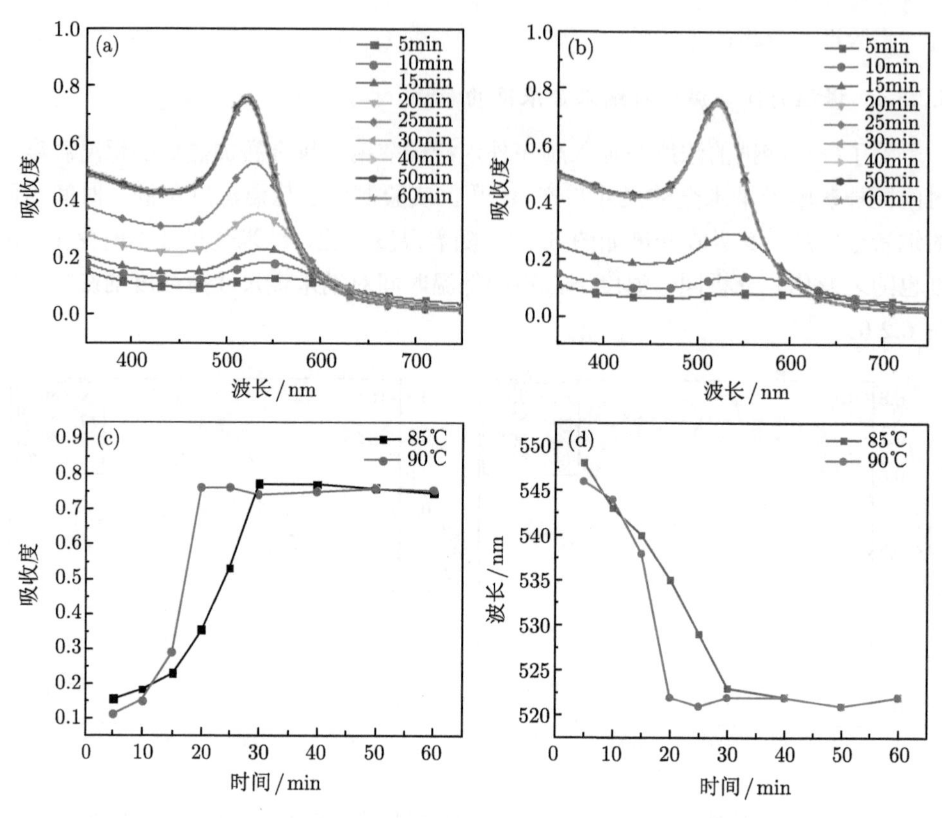

图 6.2.6　保温温度相同、时间不同的纳米金样品吸收光谱：(a) 保温温度 85°C；(b) 保温温度 90°C；(c) 保温时间与吸收峰峰值的关系；(d) 保温时间与吸收峰对应波长的关系

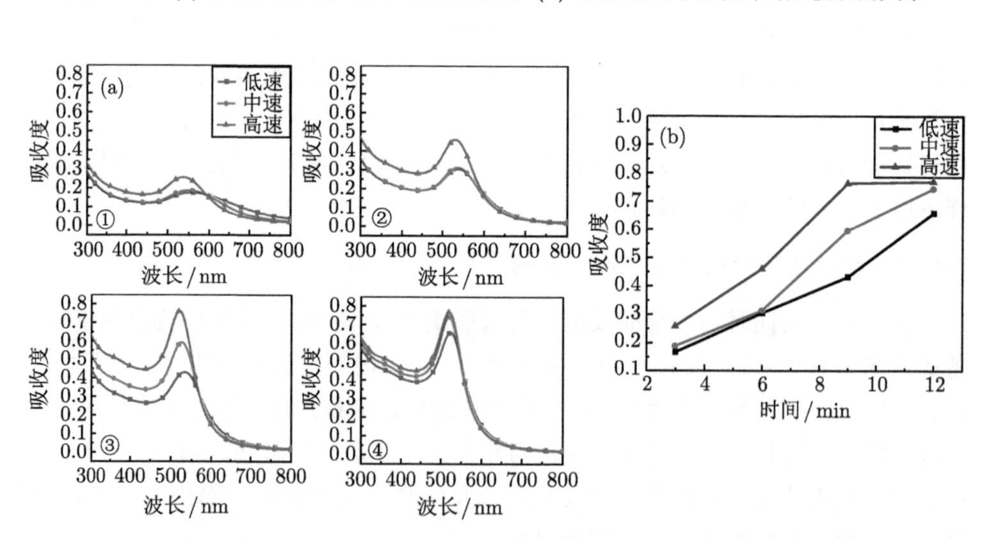

图 6.2.7　(a) 不同搅拌速率每三分钟生成的产物的吸收光谱；(b) 搅拌速率与吸收峰位的关系

6.2.4 小结

柠檬酸钠还原法制备纳米金时，反应体系 pH 的改变会对纳米金的尺寸产生较大影响，其中 pH 小于 6.5 时，增加 pH，由于成核数增多纳米金尺寸逐渐减小；pH 大于 6.5 时，增加 pH，核生长导致纳米金尺寸逐渐增大。故调节柠檬酸钠浓度、改变反应物加入次序、调节 pH 可以在一定范围内调控纳米金的尺寸。反应时间、保温温度、搅拌速率对纳米金的反应速度有较大影响，固定温度延长反应时间、固定时间提高保温温度都可以使纳米金的浓度得到提升，提高搅拌速率也有助于加速反应。但当反应时间足够长时，不同温度和搅拌速率均可制备出同等浓度和尺寸的纳米金样品。

6.3 基于纳米金和碳量子点的无标记荧光适体传感器检测多巴胺

多巴胺是一种重要的神经递质，涉及广泛的生理过程，在内分泌系统和中枢神经系统中起着至关重要的作用。它影响着许多生物功能，如情绪、认知、动机和运动。多巴胺异常可能导致多种疾病，如帕金森病、阿尔茨海默病、抑郁症、精神分裂症和神经性厌食症。因此，对多巴胺高度敏感和快速检测的方法在这些疾病的诊断中具有重要的临床价值。到目前为止，已经报道了多种测定多巴胺的方法，包括质谱、高效液相色谱法、比色法、电化学分析、酶联免疫吸附法、表面增强拉曼散射光谱法和荧光光谱法。在这些分析方法中，荧光光谱法由于其操作简单、灵敏度高、选择性好而受到越来越多的关注。

核酸适体是通过指数富集系统进化 (SELEX) 选择的单链 DNA 或 RNA，可与对应的靶目标高选择性和强亲和力结合。与抗体相比，核酸适体具有成本低、稳定性高、易修改、存储方便等优点，在生物传感器研究中获得了广泛的关注。因此，研究人员构建不同类型的核酸适体传感器用来检测生物小分子 [39]、金属离子 [40] 和病原体 [41,42]。

多巴胺荧光适体传感器结合了荧光光谱法和核酸适体的优点，由于其操作简单、检测速度快、灵敏度高，吸引了众多研究者的关注。大多数传感器使用的是传统有机染料，如罗丹明 B[43,44] 和 FAM[45]。与传统的有机染料相比，碳量子点 [46] 在生物传感方面有许多优势，如光稳定性好 [47]、毒性较低 [48]、生物相容性较好 [49,50]。此外，金纳米粒子 [51−54] 通常被选为荧光猝灭剂，因为它具有较大的比表面积、易表面修饰和广泛的吸收光谱。

为利用碳量子点实现无标记荧光适体传感器构建，项目组构建了以碳量子点作为荧光基团，以纳米金作为猝灭基团的荧光适体传感器，其中将核酸适体修饰于纳米金表面用于识别靶目标并偶联碳量子点，利用荧光共振能量转移原理构建基于纳米偶联体的多巴胺荧光适体传感器，实验中使用的碳量子点为我们实验室采用超声振荡法自制，对传感器的检测范围、检出限和特异性等传感器性能进行分析研究。该荧光适体传感器可以实现对多巴胺的高灵敏、高特异性、快速检测，并在血清实际样品检测中具有良好的响应特性，在医疗检测等领域具有广泛的应用前景。

6.3.1 基本原理

利用纳米金–适体和碳量子点构建的多巴胺荧光适体传感器，其检测原理如图 6.3.1 所示，首先将核酸适体通过 Au—S 键修饰于纳米金表面，当未加入多巴胺时，碳量子点通过与适体的静电作用力吸附于纳米金-适体复合物表面，其荧光被纳米金猝灭；加入多巴胺后，适体与多巴胺特异性竞争结合，使碳量子点脱离纳米金表面，荧光恢复。该荧光恢复强度与多巴胺浓度呈正相关，所以实现了对多巴胺的特异性灵敏检测。

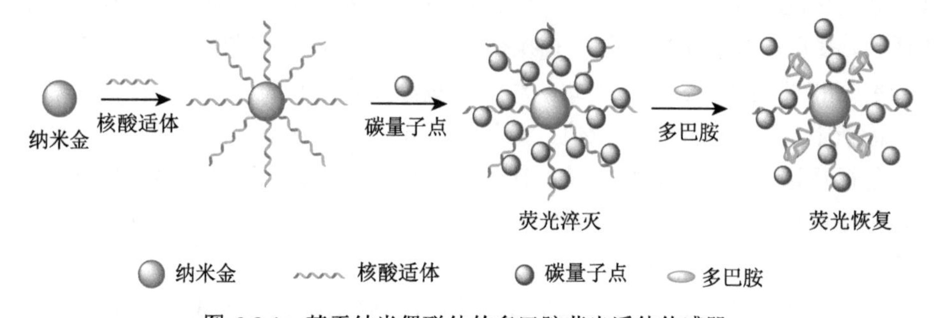

图 6.3.1 基于纳米偶联体的多巴胺荧光适体传感器

6.3.2 传感器制备方法

1) 所需原料与仪器

F-7000 型荧光光谱仪 (日本 HITACHI 公司)；SYU-22-500DTD 型超声波清洗器 (郑州生元仪器有限公司)；GL-16II 型离心机 (上海安亭科学仪器厂)；HZQ-F200 振荡培养箱 (北京东联哈尔仪器制造有限公司)；07HWS-2 数显恒温磁力搅拌器 (杭州仪表电机有限公司)；电子天平 (梅特勒-托利多仪器 (上海) 有限公司)；FE20K 酸度计 (梅特勒-托利多仪器 (上海) 有限公司)。所用的 TCEP、尿酸 (UA)、葡萄糖 (Glu)、尿素 (urea) 和多巴胺适体购自上海生工生物技术有限公司 (中国)，其中适体序列：5′- GTC TCT GTG TGC GCC AGA GAA CAC TGG GGC AGA TAT GGG CCA GCA CAG AAT GAG GCC C-(CH2) 3-SH-3′；正常人体血清从北京索莱宝科技有限公司购买；PBS 缓冲液，10mmol/L，pH7.4；Tris-醋酸缓冲液，10mmol/L，pH5.2；所有化学试剂均为分析级，实验用水是电阻为 18.2MΩ 的超纯水 (PURELAB Option-R 系列纯水机制备)。

2) 碳量子点的制备

我们使用超声振荡法合成了多种碳量子点 [55]，如图 6.3.2 所示。由光谱图可知，葡萄糖浓度不变，随着氢氧化钠浓度的增加，所制备的碳量子点的发光强度增强，NC_5 的发光强度最强，故本实验中的碳量子点选择 NC_5。

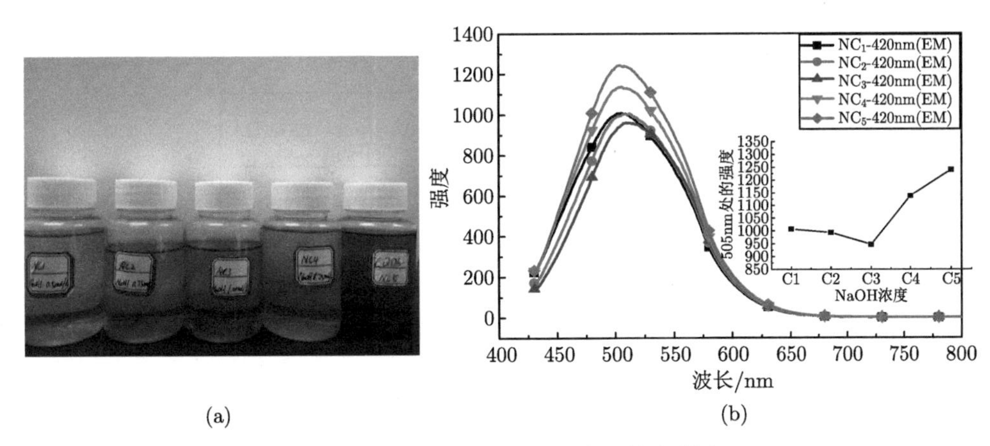

(a) (b)

图 6.3.2 实验室自制碳量子点及其光谱图

3) 纳米金–核酸适体耦合物的制备

巯基化的多巴胺核酸适体通过 Au—S 键的作用力固定到纳米金表面。首先，10μM 适配子用 10mM TCEP 激活 2 小时。然后，将 30μL 激活后的适体加入到 100μL 纳米金溶液中，37°C 下振荡培养 16h，经过离心 (14000r/min) 20 分钟后，离心底物用 200μL PBS 冲洗 3 遍。最后，将离心底物纳米金-核酸适体溶于 200μL PBS，4°C 保存备用。

4) 多巴胺的检测

将上述制备好的 200μL 纳米金–核酸适体耦合物加入 250μL 碳量子溶液室温下孵育 5min，猝灭荧光并检测。然后，向该反应溶液中加入 200μL 不同浓度多巴胺，室温下反应 3min，然后使用荧光光谱仪并检测荧光。

5) 实际样品的检测

为了验证该传感器对实际样品的检测性能，将多巴胺加入到正常人血清 (PBS 稀释 10 倍) 配制成不同浓度，然后取 200μL 不同浓度的实际样品加入到 CQDs/AuNP-aptamer 反应溶液中，检测荧光恢复强度。

6.3.3 传感器对多巴胺的检测性能研究

6.3.3.1 传感原理的可行性分析

图 6.3.3 所示为 CQDs (a),CQDs/AuNP-aptamer (适体) (b) 和 CQDs/AuNP-aptamer/DA(c) 的荧光光谱图。可以看到，当碳量子点 (CQDs) 加入到纳米金-适体耦合物 (AuNP-aptamer) 时，碳量子点的荧光猝灭 (曲线 a 到曲线 b)，这是由荧光共振能量转移导致的。加入 200μL 25μM 的多巴胺 (DA) 后，多巴胺与适体特异性结合，导致碳量子点脱离纳米金表面，荧光恢复 (曲线 a 到曲线 c)，可以根据荧光恢复强度检测多巴胺浓度，故验证了该传感原理的可行性。

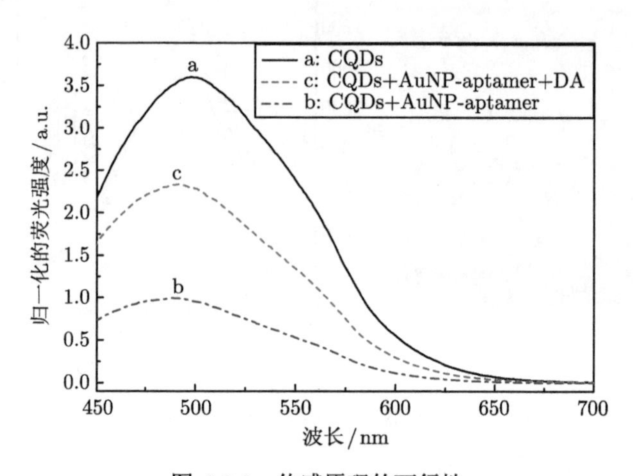

图 6.3.3 传感原理的可行性

6.3.3.2 传感器制备过程参数优化

1) 核酸适体的体积优化

为了提高传感器的检测性能，研究不同浓度比的纳米金和核酸适体是十分必要的。向 100μL 纳米金溶液加入不同体积 (5μL, 20μL, 30μL, 45μL) 的核酸适体 (10μM)，然后加入相同体积和浓度的碳量子点和多巴胺分别检测荧光，归一化处理的荧光光谱和峰值荧光强度与核酸适体的体积关系如图 6.3.4 所示。由图可知，峰值荧光强度随着适体体积的增多而增强，到达 30μL 时荧光强度最大，超过 30μL 时荧光强度降低，所以核酸适体的最优体积为 30μL，并用于之后的检测。

2) 碳量子点的体积优化

由于碳量子点本身发光，如果碳量子点体积过大，就会产生较严重的背景信号，影响检测的精确度。为了进一步降低背景信号的干扰，我们对碳量子点的体积进行优化。将不同体积的碳量子点加入到 200μL AuNP-aptamer 溶液中检测荧光，如图 6.3.5 所示。可以看到随着碳量子点体积的增多，荧光峰值强度先增大后降低，体积为 250μL 时，荧光强度达到最小值并逐渐稳定，此时背景信号干扰最小，故碳量子点的最优体积为 250μL。

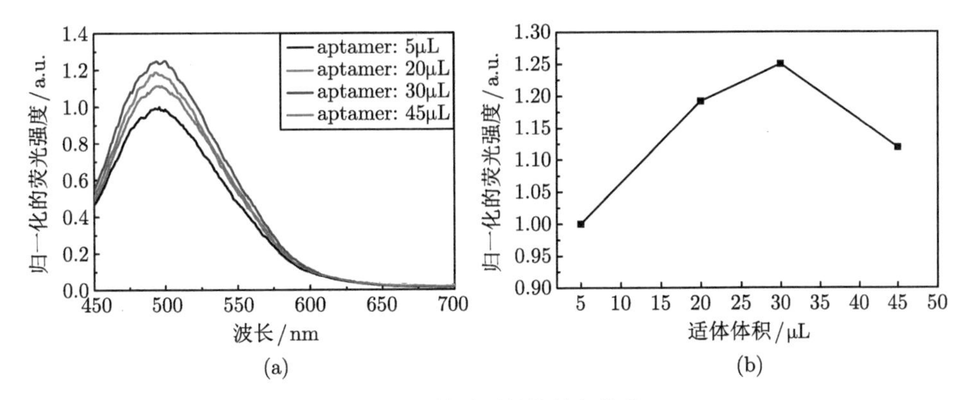

图 6.3.4 核酸适体的体积优化

(a) 加入不同体积适体的荧光光谱图；(b) 光谱峰值与适体体积的关系图

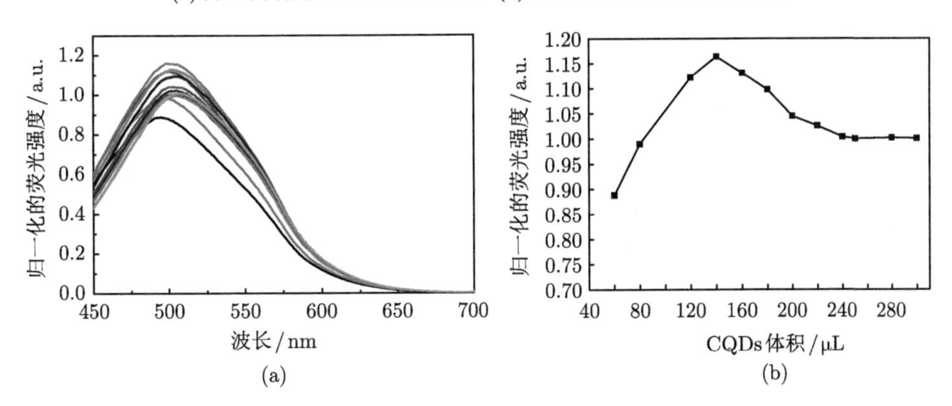

图 6.3.5 碳量子点的体积优化

(a) 加入不同体积碳量子点的荧光光谱图；(b) 光谱峰值与碳量子点体积的关系图

6.3.3.3 多巴胺的检测

图 6.3.6 为加入不同浓度多巴胺缓冲液 (0.05μmol/L, 25μmol/L, 100μmol/L, 150μmol/L, 200μmol/L, 250μmol/L)，检测得到的相对荧光光谱图和相对荧光强度图。由图 6.3.6(a) 可以看到，随着多巴胺浓度的增大，荧光强度随之增大，图 6.3.6(b) 是相对荧光强度 F/F_0(F_0 和 F 为加入多巴胺前后的荧光强度) 和多巴胺浓度的线性拟合，可以看到在 0.05~250μmol/L 范围内两者具有良好的线性关系，线性方程为：$F/F_0 = 2.33134 + 0.00027C_{\mathrm{DA}}$ μmol/L，相关系数为 0.991，对多巴胺的检出限为 0.01μmol/L。

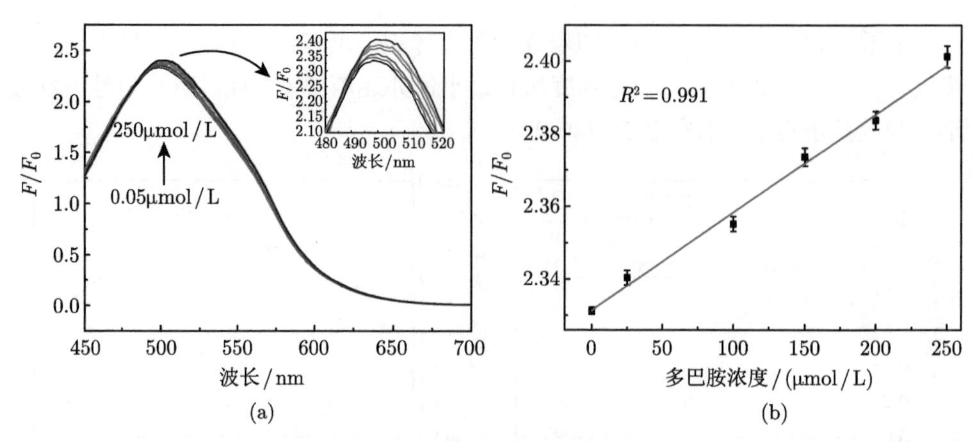

图 6.3.6 多巴胺的缓冲液检测

(a) 加入不同浓度多巴胺的相对荧光光谱图；(b) 相对荧光强度与多巴胺浓度的线性拟合

6.3.3.4 多巴胺检测的特异性分析

检测特异性是传感器的一个重要性能指标，为了验证该传感器的特异性，在相同条件下对 50μM 的不同干扰物 (Na^+、尿酸、多巴胺、葡萄糖、Mg^{2+}、维生素 C、尿素、ATP 和蔗糖) 进行检测，相对荧光强度 F/F_0(F_0 和 F 为加入被测物前后的荧光强度) 如图 6.3.7 所示，可以看到多巴胺的相对荧光信号强度远远高于其他干扰物的荧光信号强度，故该传感器对多巴胺具有较好的选择性，可以实现多巴胺的特异性检测。

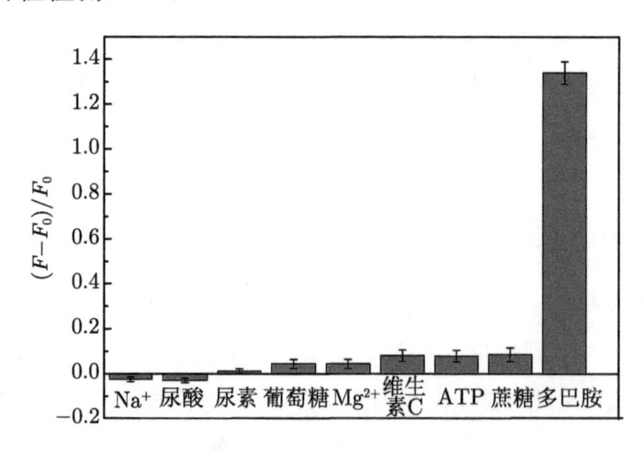

图 6.3.7 传感器的特异性

6.3.3.5 实际样品中多巴胺的检测

为了对该传感器在复杂环境中的检测性能做进一步分析，我们使用了正常人血清 (PBS 稀释 10 倍) 配置不同浓度的多巴胺，并使用构建的传感器进行检测。检测结果如图 6.3.8 所示,图 6.3.8(a) 所示为不同浓度多巴胺 (0.8μmol/L、25μmol/L、40μmol/L、60μmol/L、100μmol/L) 的相对荧光强度 F/F_0，可以看到随着多巴胺浓度的增大荧光强度随之增强，图 6.3.8(b) 对 F/F_0 和多巴胺的浓度进行了线性拟合，可以看到在 0.8~100μmol/L 的范围内，两者具有较好的线性关系，线性方程为：$F/F_0 = 2.15235 + 0.00142C_{\mathrm{DA}}$μmol/L，相关系数为 0.973，对多巴胺的血清样品检出限为 0.5μmol/L。

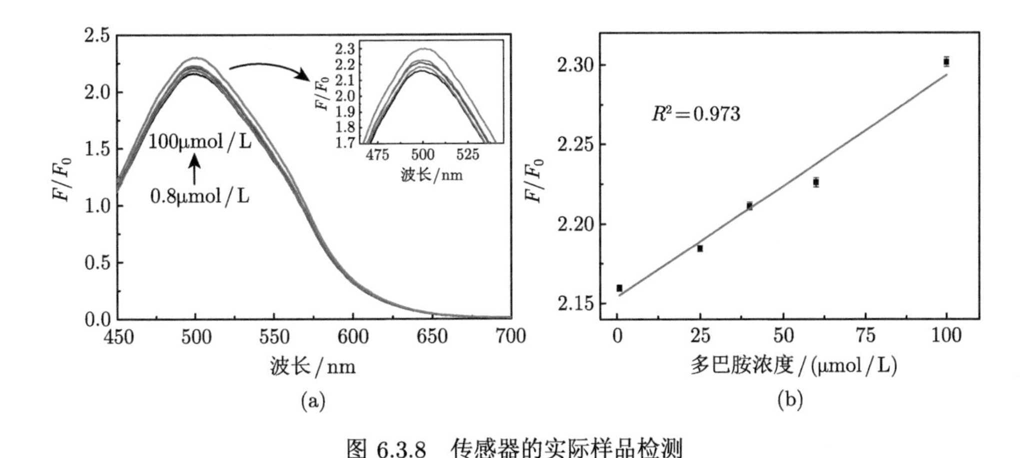

图 6.3.8　传感器的实际样品检测

(a) 不同浓度血清多巴胺的相对荧光光谱图；(b) 相对荧光强度与血清多巴胺浓度的线性拟合

6.3.4　小结

以碳量子点作为荧光基团,以纳米金作为猝灭基团,将核酸适体修饰于纳米金表面用于识别靶目标并偶联碳量子点，利用荧光共振能量转移原理构建该荧光适体传感器。并对检测原理的可行性进行分析,对部分参数进行实验优化,实验结果表明该传感器对多巴胺检测具有良好的传感性能，在缓冲液和实际样品中的线性检测范围分别为 0.05~250μmol/L 和 0.8~100μmol/L,检出限分别为 0.01μmol/L 和 0.5μmol/L。

6.4　基于纳米金和碳量子点的无标记荧光适体传感器检测三磷酸腺苷

ATP 直接为生物细胞提供能量，在机体中发挥着重要作用，被称作“生命的能量货币”[56]。在生物能量代谢中，ATP 几乎可以调节所有生物体的细胞代谢，如肌肉的收缩，分子和离子的运输，重要生物分子的合成以及其他细胞运动，当细胞发生坏死时，代谢细胞中的 ATP 浓度会急剧下降，使 ATP 的浓度成为衡量细胞活力的重要标准 [57−59]。因此，通过准确测量 ATP 的浓度可以检测到心血管病、恶性肿瘤、低血糖和帕金森病等疾病 [60]。虽然可以用传统的方法对 ATP 进行灵敏检测，如质谱法和高效液相色谱法等，但这些方法普遍存在样品分离繁琐，仪器昂贵以及对培训人员要求过高等问题，限制了其广泛的应用 [61−63]。而荧光法由于分析速度快、灵敏度高、对样品的损伤小以及实验过程简单等优点，近几年来越来越受到人们的重视 [64−66]。其中主要基于适体具有高亲和力和特异性的特点，所以在许多生物分子的检测中得到了广泛的应用 [67]。但适体自身并不能产生任何光信号或者电信号，因此当适体用在生物传感器当中时，需要对其进行荧光信号或者电信号的修饰。

荧光适体传感器有检测效率高，特异性好、操作简单等特点 [68]。大多数生物荧光传感器使用有机染料作为荧光基团 [69]，如 Wang 的团队分别在适体的两端修饰了 FAM 荧光剂以及荧光猝灭剂，构建了一种简单的适配体传感器用于黄曲霉毒素的快速检测 [70]。Deng 的团队结合了适体的特异性识别功能以及荧光信号放大的方法，通过调节 Cy3 和 Cy5 之间的距离构造出一种比例荧光生物传感器对卡那霉素进行高灵敏检测 [71]。Zeng 的团队将罗单明 B 和金纳米粒子结合，构建了关于检测硫双威的荧光传感器 [72]。但在人体检测中这些荧光基团的同时会对人体产生负面影响，而且修饰过程较为复杂。与传统的有机染料相比，碳量子点是一种新型荧光纳米材料，具有制作过程简单、毒性低、生物相容性好等优点 [73,74]。近年来，在生物检测和重金属离子检测方面具有广阔的应用前景。

实验中的碳量子点是本实验室以葡萄糖为原材料通过超声振荡法所得到的 [75]，以碳量子点作为荧光基团，以纳米金作为猝灭基团，将核酸适体修饰于纳米金表面用于吸附碳量子点并识别靶目标，利用荧光共振能量转移原理构建基于纳米偶联体的 ATP 荧光适体传感器。经检验，该荧光生物传感器检测范围广，反应时间短，并且对 ATP 有较好的特异选择性，在医疗检测等领域具有广泛的应用前景。

6.4.1 传感器制备方法

1) 所需原料与仪器

三羧基膦 (TCEP) 和 ATP 适配体购自上海生工生物工程股份有限公司 (上海)。ATP 适配子：5″-FAM-ACCTGGGGGAGTATTGCGGAGGAAGGT-3″。ATP 购自北京索莱宝科技有限公司。磷酸缓冲液 (PBS, 10mmol/L, pH 7.4)，三

乙酸缓冲液 (10mmol/L, pH 5.2)。所有化学试剂均为分析级，研究过程中使用的超纯水由 PURELAB opt - r (ELGA LabWater, UK) 制备。荧光测定采用日本日立 F-7000 荧光分光光度计。采用德国汉堡的 Eppendorf 离心机 5418 进行离心。所有 pH 都是在 FE-20K pH 计上获得的 (METTLER TOLEDO，瑞士)。实验中还使用了上海安亭科学仪器厂 GL-16II 离心机和杭州仪器电机有限公司 07ws-2 数字式恒温磁力搅拌器。

2) 碳量子点的制备

将 10mL 1mol/L 的葡萄糖水溶液与 10mL NaOH 水溶液进行混合，随后放入超声箱利用超声波处理 4h 得到碳元素，将超声后的混合溶液的 pH 调节为 7，然后逐滴加入 100mL 无水乙醇中并搅拌，最后加入 12%(质量分数) 的硫酸镁，存储 24h 之后即可得到辅助剂为 NaOH 时的碳量子点样品。

3) 金纳米粒子的制备

金纳米粒子按文献 [27] 方法以柠檬酸钠还原氯金酸制备，即取 250mL 0.1mmol/L 的 $HAuCl_4$ 溶液置于洁净的烧杯中，在剧烈搅拌下加热至沸腾，然后迅速加入 5mL 38.8mmol/L 的柠檬酸钠，溶液颜色由浅黄变为酒红色，继续反应 30min 后冷却至室温。

4) Au/适体/碳量子点探针的制备

用 TCEP(pH = 5.4) 激活 S—H 键标记的 ATP 适体 (浓度达到 5μmol/L)，取适量的 Au 添加到激活后的核酸适体中去，随后振荡并加入微量柠檬酸–盐酸 (500mm pH = 3.0) 促进适体和 Au 的结合。放入振荡箱内培养三个小时后，使用离心机离心 25min (转速 15000r/min)，取沉淀用 PBS (10mm pH = 7.0) 冲洗 3 次。最后加入碳量子点，将得到的 Au/aptamer/C-dot 重新分散在 PBS (浓度 0.01mol/L) 中并统一定容到一定体积，储存在 4°C，反应 30min。

5) ATP 的检测

在 PBS 缓冲液中 (浓度 0.01mol/L) 制备出不同浓度的 ATP 溶液 (20~280μmol/L)，再分别加入准备好的探针溶液。经过短暂的反应之后，以 2000r/min 的离心速率分离出上清液和沉淀，分别测得加入不同浓度 ATP 下的上清液中的荧光强度，记录荧光光谱并绘制标准曲线。

6.4.2 传感器对三磷酸腺苷的检测性能研究

6.4.2.1 基本原理

如图 6.4.1 所示，首先将激活后的适体通过 Au—S 键结合在金纳米粒子表面，随后加入的碳量子点通过静电作用吸附在适体上，此时碳量子点会与金纳米粒子发生能量共振转移，碳量子点被猝灭。当加入待测物 ATP 时，待测物会与适体进行特异性结合，吸附在适体上的碳量子点重新分散在溶液中，导致碳量子点的荧光恢复。在待测物 ATP 的浓度范围内 (20~280μmol/L)，恢复的荧光强度与 ATP 浓度呈线性相关，反应时间仅需几分钟，体现出该传感器用于 ATP 检测的快速性。

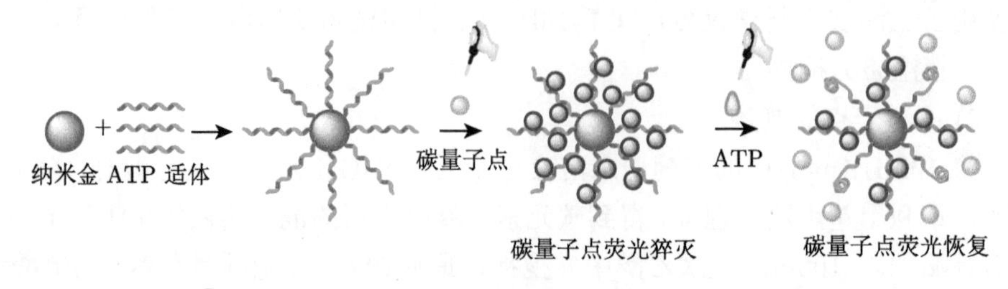

图 6.4.1 基于纳米金和碳量子点的 ATP 检测原理图

6.4.2.2 传感器的可行性分析

碳量子点，纳米金/适体/碳量子点和纳米金/适体/碳量子点/ATP 的荧光光谱图如图 6.4.2 所示。适体一开始通过 Au—S 键结合在金纳米粒子的表面，随后碳量子点通过静电的作用吸附到适体上 [76]。由于能量共振转移的原理，碳量子点上的能量会有一部分转移到金纳米粒子，导致纳米金/适体/碳量子点的荧光强度比纯碳量子点的要低。随后加入待测物 ATP，由于 ATP 特异性结合核酸适体，被挤掉的碳量子点重新分散在溶液中，碳量子点的荧光恢复，荧光强度变大，荧光强度的恢复量随着目标物浓度的增大而增大。

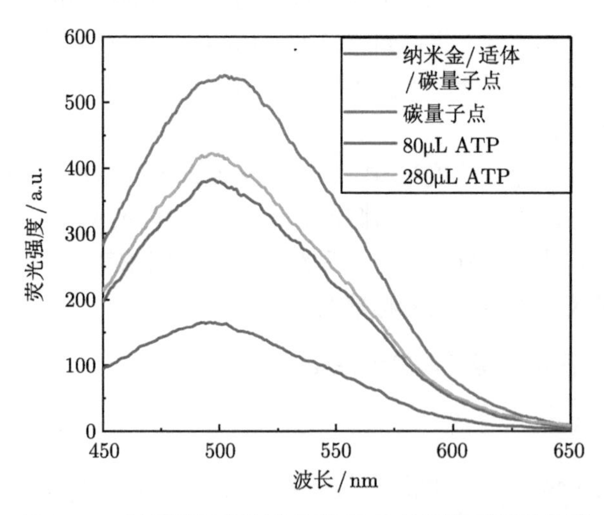

图 6.4.2 无标记适体传感器对 ATP 检测的可行性分析

6.4.2.3 传感器制备过程参数优化

1) 反应物浓度条件优化

基于 FRET/IFE 的原理 [77,78]，本实验先研究了同一碳量子点浓度中，碳量子点与各物质之间的荧光强度关系。如图 6.4.3 所示，碳量子点，碳量子点/适体，碳量子点/纳米金和纳米金/适体/碳量子点的荧光强度依次降低，随后向探针纳米金/适体/碳量子点中加入待测物之后，部分碳点荧光恢复，因此纳米金/适体/碳量子点/ATP 的荧光强度处于碳量子点/适体和碳量子点/纳米金之间。

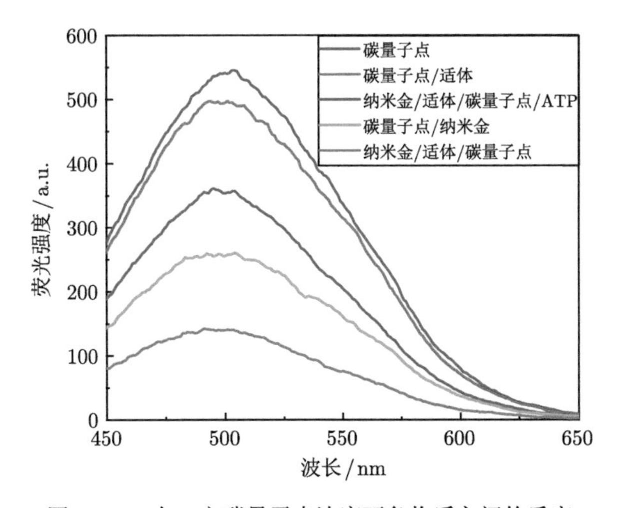

图 6.4.3 在一定碳量子点浓度下各物质之间的反应

随着碳量子点浓度的增加，不仅碳量子点之间的荧光会发生猝灭或者增强的现象，纳米金和适体都会对碳点的荧光产生不同程度的影响。因此本实验在优化了反应物浓度的同时也分别探究了纳米金和适体对碳量子点的猝灭关系。随着碳量子点浓度的增加，如图 6.4.4(a), (b), (c) 所示，碳量子点，碳量子点/适体和碳量子点/纳米金的荧光强度也随之增加，碳量子点的荧光强度未达到饱和的状态。如图 6.4.5(a) 所示，探针纳米金/适体/碳量子点的荧光强度大致呈现一个先下降后上升的趋势，在碳量子点浓度为 220uL 时，探针对碳点的猝灭效果最好。向探针中加入待测物质后，如图 6.4.5(b) 所示，纳米金/适体/碳量子点/ATP 的荧光强度也逐渐增加。

将图 6.4.4(a)~(c) 和图 6.4.5(a), (b) 汇总成图 6.4.6 可得，在一定碳量子点的浓度范围内，纯碳量子点的荧光强度最高，碳量子点/适体的荧光强度与纯碳量子点上升趋势大致相同，但由于适体会静电吸附一部分碳量子点，被吸附的碳量子点之间距离拉近从而发生猝灭 [79]，因此碳量子点/适体的荧光强度比纯碳量子点的荧光强度略低一些。而碳量子点/纳米金的荧光强度也比较低，应该是纳米金和碳量子点之间发生了一定程度的猝灭反应。适体与纳米金的结合拉近了吸附在适体上的碳量子点与纳米金的距离，导致纳米金/适体/碳量子点探针的猝灭强度最低。最后向探针中加入待测物，适体上部分被猝灭的碳量子点重新分散到溶液中，荧光恢复，纳米金/适体/碳量子点/ATP 的荧光强度处于中间位置。

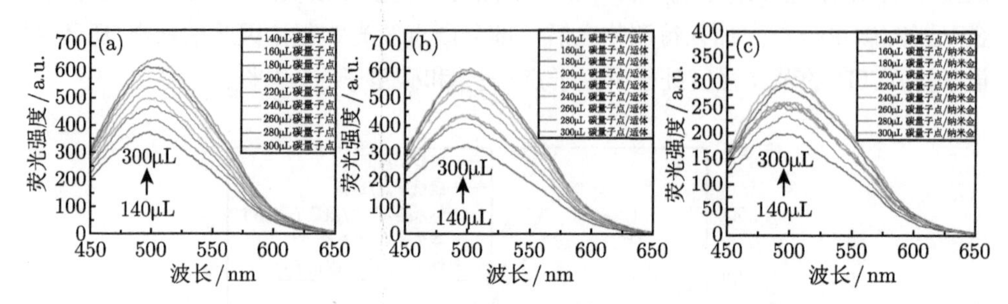

图 6.4.4　(a) 碳量子点的荧光光谱图；(b) 碳量子点/适体的荧光光谱图；(c) 碳量子点/纳米金的荧光光谱图

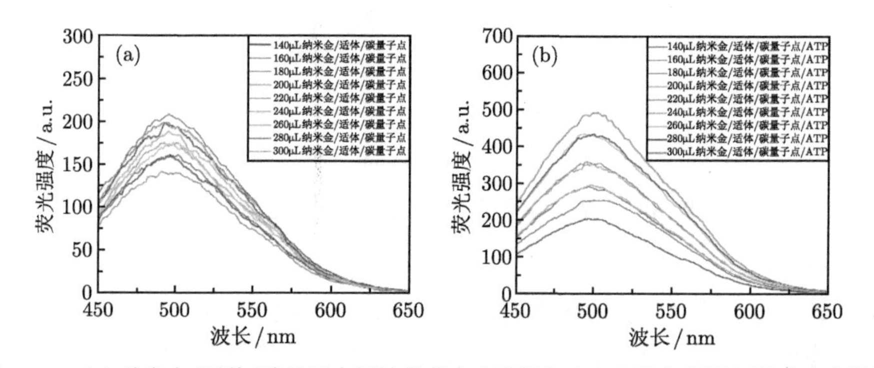

图 6.4.5　(a) 纳米金/适体/碳量子点探针的荧光光谱图和 (b) 探针与靶目标的荧光光谱图

2) 试验条件转速优化

在本实验中加入待测物之后，需要离心测得上清液中存在的碳量子点的荧光强度。而离心速率的不同可能会导致纳米偶联体的解离，从而会导致最后的实验结果有很大的偏差，因此本实验测得了在同一待测物浓度下，不同离心速率所得上清液中碳量子点的荧光强度变化。观察图 6.4.7 可得，在 500~2500r/min 之间，样品的荧光强度先下降后上升。在转速较低时，上清液中还存在大量的纳米金/适体/ATP 和纳米金/适体/碳量子点纳米偶联体以及碳量子点，随着转速逐渐增加，纳米偶联体被离心到试管底部，但碳量子点之间可能会发生聚集和碰撞而导致相互猝灭，荧光强度随着减少。在 1500~2000r/min 区间时，反应溶液状态达到稳定，荧光强度保持不变，然后随着转速的增加，可能会导致纳米金/适体/碳量子点纳米偶联体的解离，碳量子点重新分散在上清液中，导致上清液的荧光强度增加。本节选择 2000r/min 时作为最优离心条件，此时纳米偶联体可以被较好地离心到底部，且结构较为稳定，反应溶液状态也较为稳定。

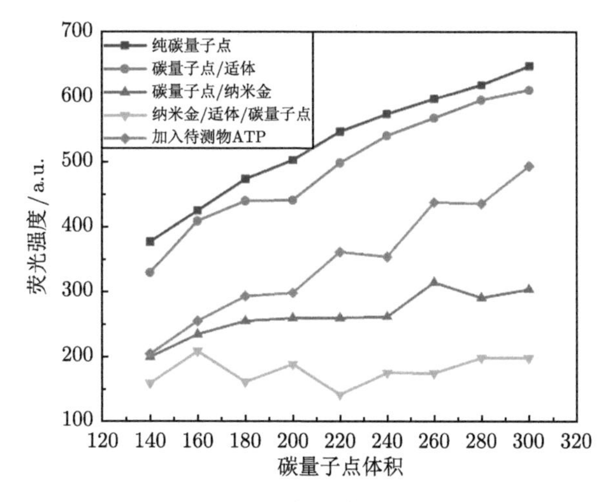

图 6.4.6 各反应之间峰值的横向对比

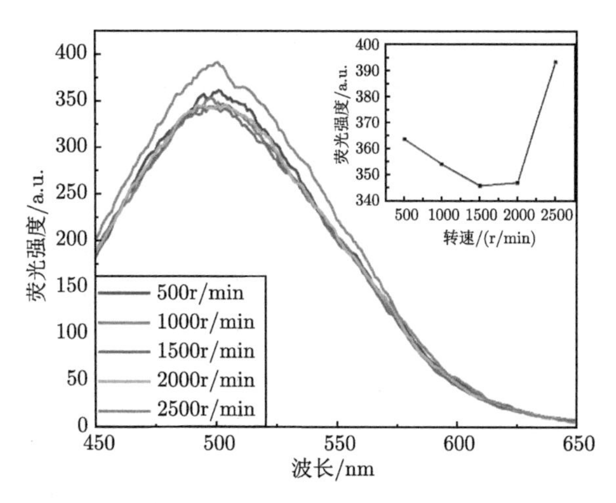

图 6.4.7 不同转速条件下样品上清液中的荧光强度光谱图以及峰值图

6.4.2.4 ATP 的检测

将不同浓度的 ATP 分别加入到含有纳米金/适体/碳量子点结构的溶液中去，振荡箱内反应 5min 后取出离心 10min (2000r/min)。取上清液进行荧光强度的检测，此时上清液中理论上只有被挤掉的碳量子点，而沉淀中含有纳米金/适体/碳量子点和纳米金/适体/ATP 两种结构。通过测得上清液中碳量子点的荧光强度即可间接地判断出溶液中 ATP 的含量。如图 6.4.8 所示，荧光强度随着加入的靶目标 ATP 浓度的增大而减小，上清液中碳量子点的荧光强度与添加 ATP 的浓度在 20~280μmol/L 的范围内呈良好的线性关系。

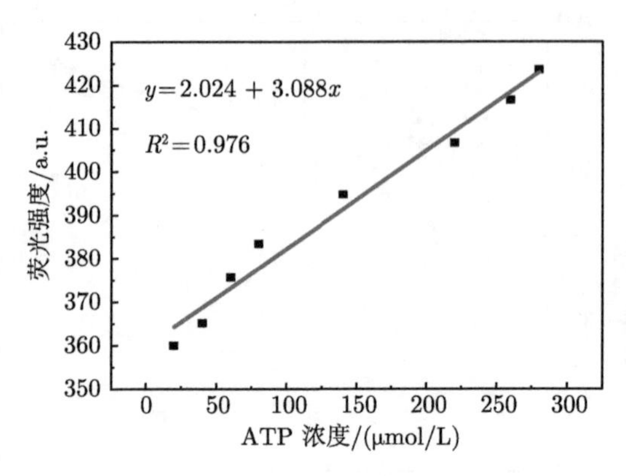

图 6.4.8 ATP 的线性检测范围

6.4.2.5 ATP 检测的特异分析

特异性是评价传感器性能的重要参数之一，所以本实验设计了不同小分子 (200μmol/L) 对传感器的测试。包括 Na^+、Mg^{2+}、多巴胺、生物素、蔗糖、尿素和肾上腺素，观察图 6.4.9 可得，传感器对 ATP 的相对荧光强度已经明显超过其他物质，证明了此传感器对 ATP 具有较好的特异性。

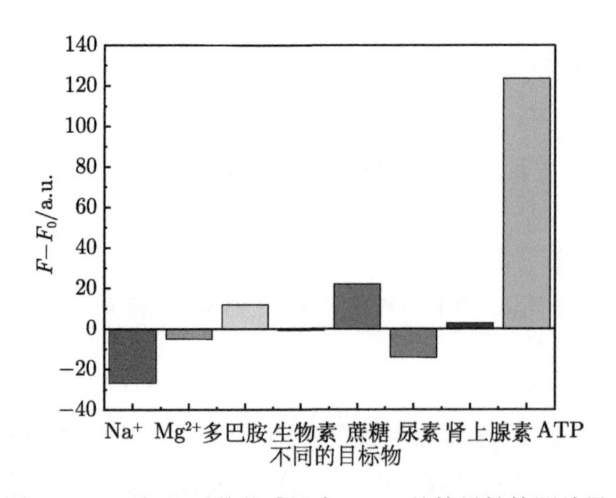

图 6.4.9 无标记适体传感器中 ATP 的特异性检测结果

6.4.3 小结

本实验基于纳米金和碳量子点，构建了关于纳米金/适体/碳量子点纳米偶联体结构的 ATP 无标记适体传感器。根据 FRET/IFE 的原理，研究了在不同碳量子点浓度下，碳量子点与各物质之间的荧光强度关系，并且优化了反应物浓度与转速。经过待测物的实验验证，该传感器在 20∼ 280μmol/L 范围内对 ATP 呈现良好的线性关系，在不同待测物中对 ATP 有较好的特异性。有望应用于食品安全以及生物医学诊断中的生物小分子检测。

参 考 文 献

[1] Cao L, Wang X, Meziani Mohammed J, et al. Carbon dots for multiphoton bioimaging[J]. Journal of the American Chemical Society, 2007, 129(37): 11318-11319.

[2] 李玲玲，倪刚，王嘉楠，等. 氮掺杂碳量子点的合成及作为荧光探针对 Hg2+ 的检测 [J]. 光谱学与光谱分析, 2016, 36(9): 2846-2851.

[3] Zhu S J, Meng Q N, Wang L, et al. Highly photoluminescent carbon dots for multicolor patterning, sensors, and bioimaging[J]. Angewandte Chemie-International Edition, 2013, 52(14): 3953-3957.

[4] Lim S Y, Shen W，Gao Z Q. Carbon quantum dots and their applications[J]. Chemical Society Reviews, 2015, 44(1): 362-381.

[5] Sahu Swagatika, Behera Birendra, Maiti Tapas K., et al. Simple one-step synthesis of highly luminescent carbon dots from orange juice: application as excellent bio-imaging agents[J]. Chemical Communications, 2012, 48(70): 8835-8837.

[6] Chowdhury Pankaj Viraraghavan T. Sonochemical degradation of chlorinated organic compounds, phenolic compounds and organic dyes-A review[J].Science of The Total Environment, 2009, 407(8): 2474-2492.

[7] He M Z, Forssberg E, Wang Y M, et al. Ultrasonication-assisted synthesis of calcium carbonate nanoparticles[J]. Chemical Engineering Communications, 2005, (10-12): 1468-1481.

[8] Mehrali Mehdi, Seyed Shirazi Seyed Farid, Baradaran Saeid, et al. Facile synthesis of calcium silicate hydrate using sodium dodecyl sulfate as a surfactant assisted by ultrasonic irradiation[J]. Ultrason Sonochem, 2014, 4(2): 735-742.

[9] Su J Y, Jin G P, Li C Y, et al. Ultrasonic preparation of nano-nickel/activated carbon composite using spent electroless nickel plating bath and application in degradation of 2,6-dichlorophenol[J].Journal of Environmental Sciences, 2014, 26(11): 2355-2361.

[10] Li H T, He X D, Liu Y, et al. One-step ultrasonic synthesis of water-soluble carbon nanoparticles with excellent photoluminescent properties[J]. Carbon, 2011, 49(2): 605-609.

[11] Li H T, He X D, Liu Y, et al. Synthesis of fluorescent carbon nanoparticles directly from active carbon via a one-step ultrasonic treatment[J].Materials Research Bulletin, 2011, 46(1): 147-151.

[12] Tao H Q, Yang K, Ma Z, et al. In vivo NIR fluorescence imaging, biodistribution, and toxicology of photoluminescent carbon dots produced from carbon nanotubes and graphite[J]. Small, 2012, 8(2): 281-290.

[13] Fong Jessica Fung Yee, Chin Suk Fun Ng Sing Muk. Facile synthesis of carbon nanoparticles from sodium alginate via ultrasonic-assisted nano-precipitation and thermal acid dehydration for ferric ion sensing[J]. Sensors and Actuators B, 2015, 209: 997-1004.

[14] Ma Z, Ming H, Huang H, et al. One-step ultrasonic synthesis of fluorescent N-doped carbon dots from glucose and their visible-light sensitive photocatalytic ability[J].New Journal of Chemistry, 2012, 36(4): 861-864.

[15] Li H T, Liu R H, Liu Y, et al. Carbon quantum dots/Cu_2O composites with protruding nanostructures and their highly efficient (near) infrared photocatalytic behavior[J]. Journal of Materials Chemistry, 2012, 22(34): 17470-17475.

[16] Tapia Jesús I., Larios Eduardo, Bittencourt Carla, et al. Carbon nano-allotropes produced by ultrasonication of few-layer graphene and fullerene[J].Carbon, 2016, 99: 541-546.

[17] Jm Levêque, L Duclaux, Jn Rouzaud, et al., Ultrasonic treatment of glassy carbon for nanoparticle preparation[J]. Ultrason Sonochem, 2016, 35(B): 615-622.

[18] 史德友. 高荧光碳量子点制备及其应用性研究 [D]. 哈尔滨理工大学, 2016.

[19] Kozák Ondřej, Datta Kasibhatta Kumara Ramanatha, Greplová Monika, et al. Surfactant-derived amphiphilic carbon dots with tunable photoluminescence[J]. J. Phys. Chem. C, 2013, 117: 24991-24996.

[20] Goncalves Helena Esteves Da Silva Joaquim C. G. Fluorescent carbon dots capped with PEG(200) and mercaptosuccinic acid[J]. Journal of Fluorescence, 2010, 20(5): 1023-1028.

[21] Dreaden E C, Alkilany A M, Huang X H, et al. The golden age: gold nanoparticles for biomedicine[J]. Chemical Society Reviews, 2012, 41(7): 2740-2779.

[22] Wang G K, Shao C W, Yan C L, et al. Fluorescence polarization sensor platform based on gold nanoparticles for the efficient detection of Ag (I)[J]. Journal of Luminescence, 2019, 210: 21-27.

[23] Zhang Y, Cui X J, Shi F, et al. Nano-gold catalysis in fine chemical synthesis[J]. Chemical Reviews, 2012, 112(4): 2467-2505.

[24] Zhao P X, Li N, Astruc D. State of the art in gold nanoparticle synthesis[J]. Coordination Chemistry Reviews, 2013, 257(3-4): 638-665.

[25] Qin L, Zeng G M, Lai C, et al. “Gold rush” in modern science: fabrication strategies and typical advanced applications of gold nanoparticles in sensing[J]. Coordination

Chemistry Reviews, 2018, 359: 1-31.

[26] Xia H B, Xiahou Y J, Zhang P N, et al. Revitalizing the frens method to synthesize uniform, quasi-spherical gold nanoparticles with deliberately regulated sizes from 2 to 330nm[J]. Langmuir, 2016, 32(23): 5870-5880.

[27] Ji X H, Song X N, Li J, et al. Size control of gold nanocrystals in citrate reduction: the third role of citrate[J]. Journal of the American Chemical Society, 2007, 129(45): 13939-13948.

[28] Sivaraman S K, Kumar S, Santhanam V. Monodisperse sub-10 nm gold nanoparticles by reversing the order of addition in Turkevich method–the role of chloroauric acid[J]. J Colloid Interface Sci, 2011, 361(2): 543-7.

[29] Tyagi H, Kushwaha A, Kumar A, et al. A facile pH controlled citrate-based reduction method for gold nanoparticle synthesis at room temperature[J]. Nanoscale Research Letters, 2016, 11(1): 1-11.

[30] Agunloye E, Gavriilidis A, Mazzei L. A mathematical investigation of the Turkevich organizer theory in the citrate method for the synthesis of gold nanoparticles[J]. Chemical Engineering Science, 2017, 173: 275-286.

[31] Bartosewicz B, Bujno K, Liszewska M, et al. Effect of citrate substitution by various alpha-hydroxycarboxylate anions on properties of gold nanoparticles synthesized by Turkevich method[J]. Colloids and Surfaces a-Physicochemical and Engineering Aspects, 2018, 549: 25-33.

[32] Ding W C, Zhang P N, Li Y J, et al. Effect of latent heat in boiling water on the synthesis of gold nanoparticles of different sizes by using the turkevich method[J]. Chem Phys Chem, 2015, 16(2): 447-454.

[33] Koerner H, MacCuspie R I, Park K, et al. In situ UV/Vis, SAXS, and TEM study of single-phase gold nanoparticle growth[J]. Chemistry of Materials, 2012, 24(6): 981-995.

[34] Amendola V, Meneghetti M. Size evaluation of gold nanoparticles by UV-vis spectroscopy[J]. Journal of Physical Chemistry C, 2009, 113(11): 4277-4285.

[35] Haiss W, Thanh N T K, Aveyard J, et al. Determination of size and concentration of gold nanoparticles from UV-Vis spectra[J]. Analytical chemistry, 2007, 79(11): 4215-4221.

[36] Shi L, Buhler E, Boue F, et al. How does the size of gold nanoparticles depend on citrate to gold ratio in Turkevich synthesis? Final answer to a debated question[J]. J. Colloid Interface Sci., 2017, 492: 191-198.

[37] Tran M, DePenning R, Turner M, et al. Effect of citrate ratio and temperature on gold nanoparticle size and morphology[J]. Materials Research Express, 2016, 3(10): 105027.

[38] Honary S, Ebrahimi P, Ghasemitabar M. Preparation of gold nanoparticles for biomedical applications using chemometric technique[J]. Tropical Journal of Pharmaceutical Research, 2013, 12(3): 295-298.

[39] Feng C, Dai S, Wang L. Optical aptasensors for quantitative detection of small biomolecules: a review[J]. Biosensors & Bioelectronics, 2014, 59: 64-74.

[40] Farzin L, Shamsipur M, Sheibani S. A review: aptamer-based analytical strategies using the nanomaterials for environmental and human monitoring of toxic heavy metals[J]. Talanta, 2017, 174: 619-627.

[41] Torreschavolla E, Alocilja E C. Aptasensors for detection of microbial and viral pathogens[J]. Biosensors & Bioelectronics, 2009, 24(11): 3175-3182.

[42] Kieboom C H V D, Beek S L V D, Mészáros T, et al. Aptasensors for viral diagnostics[J]. Trac Trends in Analytical Chemistry, 2015, 74: 58-67.

[43] Xu J, Li Y, Wang L, et al. A facile aptamer-based sensing strategy for dopamine through the fluorescence resonance energy transfer between rhodamine B and gold nanoparticles[J]. Dyes & Pigments, 2015, 123: 55-63.

[44] Seto D, Maki T, Soh N, et al. A simple and selective fluorometric assay for dopamine using a calcein blue-Fe^{2+} complex fluorophore[J]. Talanta, 2012, 94(6): 36-43.

[45] Guo L, Hu Y, Zhang Z, et al. Universal fluorometric aptasensor platform based on water-soluble conjugated polymers/graphene oxide[J]. Analytical & Bioanalytical Chemistry, 2018, 410(1): 287-295.

[46] Feng H, Qian Z. Functional carbon quantum dots: a versatile platform for chemosensing and biosensing[J]. Chemical Record, 2017, 18(5): 491-505.

[47] Wang R, Lu K Q, Tang Z R, et al. Recent progress in carbon quantum dots: synthesis, properties and applications in photocatalysis[J]. Journal of Materials Chemistry A, 2017, 5(8): 3717-3734.

[48] Pierrat P, Wang R, Kereselidze D, et al. Efficient invitro and invivo pulmonary delivery of nucleic acid by carbon dot-based nanocarriers[J]. Biomaterials, 2015, 51: 290-302.

[49] Khan W U, Wang D, Zhang W, et al. High quantum yield green-emitting carbon dots for Fe (III) detection, biocompatible fluorescent ink and cellular imaging[J]. Scientific Reports, 2017, 7(1): 14866.

[50] Samantara A K, Maji S, Ghosh A, et al. Good's buffer derived highly emissive carbon quantum dots: excellent biocompatible anticancer drug carrier[J]. Journal of Materials Chemistry B, 2016, 4(14): 2412-2420.

[51] Qin H, Ma D, Du J. Distance dependent fluorescence quenching and enhancement of gold nanoclusters by gold nanoparticles[J]. Spectrochimica Acta Part A Molecular & Biomolecular Spectroscopy, 2017, 189: 161.

[52] Zhao Y Y, Liu R J, Sun W Y, et al. Ochratoxin A detection platform based on signal amplification by Exonuclease III and fluorescence quenching by gold nanoparticles[J]. Sensors & Actuators B Chemical, 2018, 255: 1640-1645.

[53] Li Z, Miao X, Cheng Z, et al. Hybridization chain reaction coupled with the fluorescence quenching of gold nanoparticles for sensitive cancer protein detection[J]. Sensors &

Actuators B Chemical, 2017, 243: 731-737.

[54] Lu Q, Zhao J, Xue S, et al. A "turn-on" fluorescent sensor for ultrasensitive detection of melamine based on a new fluorescence probe and AuNPs.[J]. Analyst, 2015, 140(4): 1155-1160.

[55] 任林娇, 张培, 齐汝宾, 等. 超声法制备碳量子点发光性能的影响因素分析 [J]. 光谱学与光谱分析, 2017, 37(11): 3354-3359.

[56] Wu Y, Wen J, Li H J, Fluorescent probes for recognition of ATP[J]. Chinese. Chem. Lett., 2017, 28(10): 1916-1924.

[57] Liu Y F, Lee D, Wu D, A new kind of rhodamine-based fluorescence turn-on probe for monitoring ATP in mitochondria[J]. Sens. Actuator B: Chem., 2018, 265: 429-434.

[58] Li F F, Hu X, Wang F Y. A fluorescent "on-off-on" probe for sensitive detection of ATP based on ATP displacing DNA from nanoceria[J]. Talanta, 2018, 179: 285-291.

[59] Xiong Y, Cheng Y, Wang L. An "off-on" phosphorescent aptasensor switch for the detection of ATP[J]. Talanta, 2018, 190: 226-234.

[60] Wang J F, Wang Y, Liu S, Duplex featured polymerase-driven concurrent strategy for detecting of ATP based on endonuclease-fueled feedback amplification[J]. Analytica Chimica Acta, 2019, 1060: 79-87.

[61] Ma H H, Sun J Z, Zhang Y. Disposable amperometric immunosensor for simple and sensitive determination of aflatoxin B-1 in wheat[J]. Biochem. Eng. J., 2016, 115: 38-46.

[62] Ma H H, Sun J Z, Zhang Y. Label-free immunosensor based on one-step electrodeposition of chitosan-gold nanoparticles biocompatible film on Au microelectrode for determination of aflatoxin B-1 in maize[J]. Biosens. Bioelectron., 2016, 80: 222-229.

[63] Zhou X R, Wu S Q, Liu H. Nanomechanical label-free detection of aflatoxin B1 using a microcantilever[J]. Sens. Actuator B-Chem., 2016, 226: 24-29.

[64] Ahmadi A, Danesh N M, Ramezani M. A rapid and simple ratiometric fluorescent sensor for patulin detection based on a stabilized DNA duplex probe containing less amount of aptamer-involved base pairs[J]. Talanta, 2019, 204: 641-646.

[65] Song D, Yang R, Fang S Y. A FRET-based dual-color evanescent wave optical fiber aptasensor for simultaneous fluorometric determination of aflatoxin M1 and ochratoxin A[J]. Microchim. Acta, 2018, 185(11): 1-10.

[66] Taghdisi S M, Danesh N M, Ramezani M. A new amplified fluorescent aptasensor based on hairpin structure of G-quadruplex oligonucleotide-aptamer chimera and silica nanoparticles for sensitive detection of aflatoxin B-1 in the grape juice[J]. Food Chem., 2018, 268: 342-346.

[67] Zhang F Y, Deng F, Liu G J. IFN-gamma-induced signal-on fluorescence aptasensors: from hybridization chain reaction amplification to 3D optical fiber sensing interface towards a deployable device for cytokine sensing[J]. Mol. Syst. Des. Eng., 2019, 4(4):

872-881.

[68] Wu J F, Gao X, Ge L. A fluorescence sensing platform of theophylline based on the interaction of RNA aptamer with graphene oxide[J]. Rsc Adv., 2019, 9(34): 19813-19818.

[69] Guo H, Li J S, Li Y W. Exciton energy transfer-based fluorescent sensor for the detection of Hg^{2+} through aptamer-programmed self-assembly of QDs[J]. Analytica Chimica Acta, 2019, 1048: 161-167.

[70] Wang C, Sun L L, Zhao Q, A simple aptamer molecular beacon assay for rapid detection of aflatoxin B1[J]. Chinese Chem Lett, 2019, 30(5): 1017-1020.

[71] Deng J K, Liu Y Q, Lin X D. A ratiometric fluorescent biosensor based on cascaded amplification strategy for ultrasensitive detection of kanamycin[J], Sens. Actuator B: Chem., 2018, 273: 1495-1500.

[72] Tseng M H, Hu C C, Chiu T C. A fluorescence turn-on probe for sensing thiodicarb using rhodamine B functionalized gold nanoparticles[J]. Dyes and Pigments, 2019, 171: 107674.

[73] Miao H, Wang L, Zhuo Y. Label-free fluorimetric detection of CEA using carbon dots derived from tomato juice[J]. Biosens. Bioelectron., 2016, 86: 83-89.

[74] Zhu L, Xu G, Song Q. Highly sensitive determination of dopamine by a turn-on fluorescent biosensor based on aptamer labeled carbon dots and nano-graphite[J]. Sensors and Actuators B: Chemical, 2016, 231: 506-512.

[75] Ren L J, Zhang P, Qi R B. Influencing factors of luminescence properties of carbon dots prepared by Ultrasonic[J]. Spectrosc. Spectr. Anal., 2017, 37(11): 3354-3359.

[76] Wang B, Chen Y F, Wu Y Y. Aptamer induced assembly of fluorescent nitrogen-doped carbon dots on gold nanoparticles for sensitive detection of AFB1[J]. Biosens. Bioelectron., 2016, 78: 23-30.

[77] Wu X L, Song Y, Yan X. Carbon quantum dots as fluorescence resonance energy transfer sensors for organophosphate pesticides determination[J]. Biosens. Bioelectron., 2017, 94: 292-297.

[78] Wang J L, Wu Y G, Zhou P. A novel fluorescent aptasensor for ultrasensitive and selective detection of acetamiprid pesticide based on the inner filter effect between gold nanoparticles and carbon dots[J]. Analyst, 2018, 143(21): 5151-5160.

[79] Ghayyem S, Faridbod F. A fluorescent aptamer/carbon dots based assay for Cytochrome c protein detection as a biomarker of cell apoptosis[J]. Methods Appl. Fluoresc., 2018, 7(1): 015005.

第 7 章　基于夹心型结构的荧光适体传感器

利用核酸适体传感器检测被测物主要是通过修饰后的核酸适体捕获靶目标，将捕获信号转换为电信号或光信号，通过电信号或光信号的变化测量靶目标的含量变化。该传感器信号的来源仅依赖于核酸适体与靶目标的特异性结合能力 [1]，而实际样品中生物小分子的浓度可能非常低，仅靠核酸适体可能捕获能力不足。AFB1 单克隆抗体已被证明可以对 AFB1 进行特异性检测 [2]。为此，有研究者设计了夹心型的测量结构，利用核酸适体与抗体同时捕获被测物，仅使用个人葡萄糖计 (PGM) 就可以实现对宽范围靶标的便携、低成本和定量检测 [3]。但是常用血糖仪测量范围有限，且信号灵敏度低，不一定能实现超低浓度的 AFB1 检测。为此，项目组结合该方法构建了基于抗体-AFB1-核酸适体的夹心型结构，以 AFB1 为检测目标，通过在适体上修饰碳量子点，构建了基于夹心型结构的荧光适体传感器，并与第 4 章所设计的电化学适体传感器进行了对比分析，为夹心型结构传感器的应用提供研究基础。

7.1　基本原理

检测原理如图 7.1.1，将碳量子点修饰在 AFB1 适体的一端作为检测探针，当有 AFB1 加入时，会形成抗体-AFB1-荧光检测探针的夹心型结构，剩余未反应的检测探针留于上清液中，利用荧光分光光度计检测上清液中检测探针的多少，即可间接测量被测物 AFB1 的浓度。

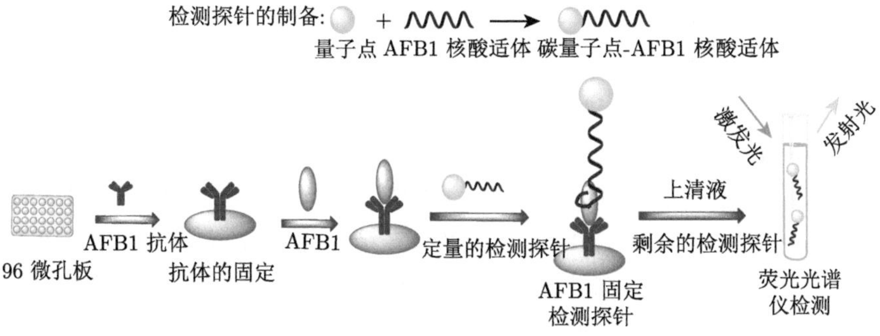

图 7.1.1　基于夹心型结构的 AFB1 荧光适体传感器检测原理图

7.2　传感器制备方法

7.2.1　所需原料与仪器

HZQ-F200 振荡培养箱 (北京东联哈尔仪器有限公司)；GL-16II 离心机 (上海安亭科学仪器厂)；07HWS-2 数显恒温磁力搅拌器 (杭州仪表电机有限公司)；罗氏血糖仪 (强生医疗器械有限公司)，F-7000 型荧光分光光度计 (日立)；ME204 电子天平 (梅特勒-托利多仪器有限公司)。AFB1 核酸适体购自上海生工生物技术有限公司 (中国)，序列为：5′-SH-AAA AAA GTT GGG CAC GTG TTG TCT CTC TGT GTC TCG TGC CCT TCG CTA GGC CCA CA-3′；TCEP：2.5mmol/L，pH = 5.0，用 Tris-醋酸作溶剂溶解；PBS 缓冲液：0.01mmol/L；PBST 溶液：含有 0.05%吐温-20 的 PBS；BSA 封闭缓冲液 (1%)；AFB1 单克隆抗体：用 PBS 配置成浓度为 0.1μg/mL；AFB1：使用 10%甲醇-PBS 溶解；实验用水是电阻为 18.2MΩ 的超纯水。

7.2.2　传感器制备过程

1) 检测探针 (碳量子点–核酸适体) 的制备

取 10μL 激活后的核酸适体 (100μmol/L) 与 1mL 碳量子点 (制备方法见参考文献 [4]) 混合，在 37°C 振荡培养箱中培养 16h (50r/min)，离心 20min (14000r/min)，去除上清液 (去除未结合的核酸适体和碳量子点)，取离心底物加入 1mLPBS 溶解，制备碳量子点-核酸适体检测探针，4°C 保存，留待备用。

2) AFB1 抗体的固定

将 100μL AFB1 单克隆抗体 (0.1μg/mL) 加入 96 微孔板，4°C 下固定 12h；然后用 150μL PBST 溶液冲洗 3 次，加入 100μL BSA (1%) 溶液，室温下封闭 1h (封闭非特异性结合位点)；最后用 150μL PBS 溶液冲洗 3 次，得到固定单克隆抗体的 96 微孔板。

3) AFB1 的检测

在固定单克隆抗体的 96 微孔板中，加入 200μL 不同浓度 AFB1 的缓冲液 (0ng/mL，0.5ng/mL，1ng/mL，5ng/mL，10ng/mL)，37°C 孵育 1h，用 200μL PBS 冲洗 3 次，之后加入制备好的纳米金–蔗糖酶–核酸适体检测探针 100μL，37°C 下反应 2h，形成抗体-AFB1-检测探针的夹心式结构，AFB1 越多，结合的检测探针就越多，上清液中的检测探针就越少。取出上清液后，加入 25μL PBS 冲洗微孔板两次，将上清液和冲洗液取出，可直接进行荧光检测。

7.3 基于夹心型结构的荧光适体传感器对 AFB1 的检测性能研究

7.3.1 检测范围

利用上述荧光适体传感器对不同浓度的 AFB1 样品进行检测，结果如图 7.3.1，未加入被测物时，荧光强度最高，随着加入 AFB1 浓度的增加，形成的抗体-AFB1-荧光适体结构越多，上清液中的荧光强度逐渐减弱。当 AFB1 浓度在 0.5~3ng/mL 时，荧光信号强度与 AFB1 浓度呈现良好的线性关系，如图 7.3.1(b) 所示，$y = 216.463 - 23.153x$，其中 y 为上清液中荧光光谱的峰值强度，x 为 AFB1 浓度，相关系数为 0.97；说明 AFB1 的线性检测范围为：0.5~3ng/mL，检出限为：0.5ng/mL。

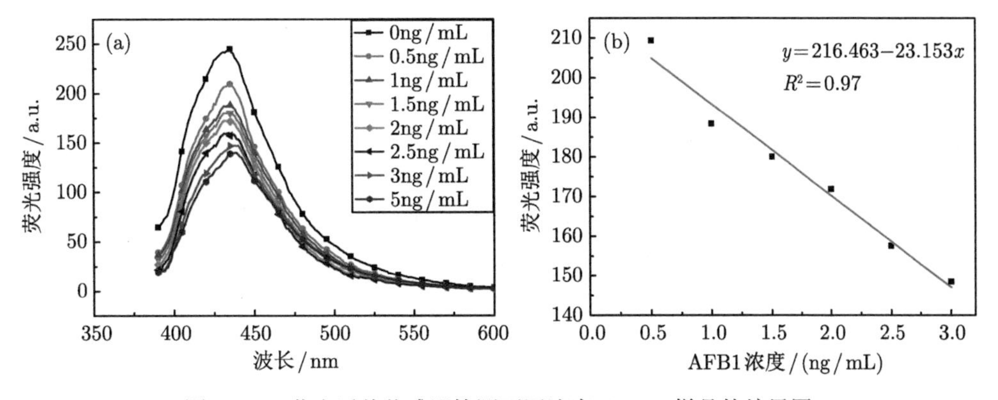

图 7.3.1 荧光适体传感器检测不同浓度 AFB1 样品的结果图

(a) 不同浓度 AFB1 样品的荧光光谱检测结果；(b) AFB1 样品的线性检测范围

7.3.2 特异性分析

为了验证传感器的特异性，分别对相同浓度 (2ng/mL) 的赭曲霉毒素 A、玉米赤霉烯酮和 AFB1 进行检测，结果如图 7.3.2 所示。加入赭曲霉毒素 A 和玉米赤霉烯酮时，荧光强度与空白组相比几乎不变，而加入相同浓度的被测物 AFB1 时，荧光强度相比空白组明显降低，这说明该方法中检测探针仅会与 AFB1 进行特异性结合，不会与其他两种毒菌毒素结合，表明该传感器对 AFB1 具有很好的特异性。

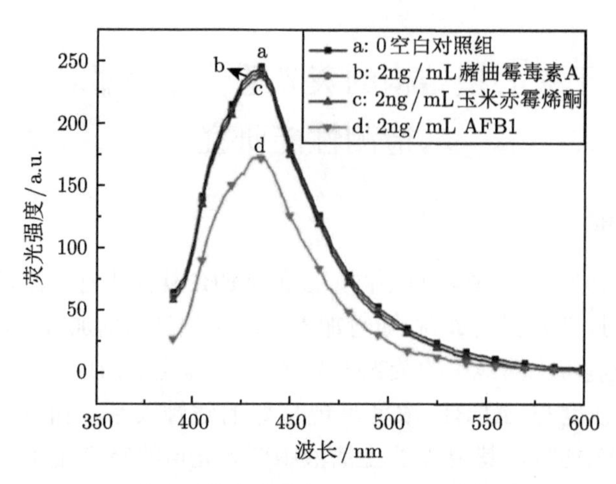

图 7.3.2　荧光适体传感器中 AFB1 的特异性检测结果

7.3.3　基于夹心结构的电化学与荧光适体传感器比较分析

7.3.3.1　灵敏度比较

灵敏度是传感器检测的重要参数之一，以被测物浓度为 x 轴，检测信号变化为 y 轴作出的线性拟合曲线中，其斜率大小可在一定程度上反映传感器的灵敏度高低 [5]。斜率越大，代表输入信号变化相同时，输出信号的变化越大，即传感器灵敏度越高。比较基于夹心型结构的 AFB1 电化学和荧光适体传感器的灵敏度，如表 7.3.1，荧光适体传感器的灵敏度为 23.153，比血糖仪的灵敏度高了两个数量级。考虑到血糖仪电信号的稳定性与噪声影响，对变化很小的 AFB1 浓度进行测量时，系统误差将会比较大，不利于精密测量，但该方法使用的血糖仪便于携带应用且测量范围较大，适合与标准溶液结合在实际环境下进行粗测；荧光适体传感器测量灵敏度高，相对误差小，但检测设备昂贵且不便于携带，更适合取样后在实验室进行精确分析。

表 7.3.1　基于夹心型结构的 AFB1 电化学适体传感器和荧光适体传感器的测量参数比较

传感器类型	检测信号类型	检测仪器	灵敏度	线性检测范围/(ng/mL)
电化学适体传感器	电信号	血糖仪	0.186	0.5～5
荧光适体传感器	光信号	荧光分光光度计	23.153	0.5～3

7.3.3.2　特异性比较

为了对两种传感器的特异性进行比较，分别取 2ng/mL 赭曲霉毒素 A、玉米赤霉烯酮和 AFB1 的检测信号进行对比分析，如图 7.3.3，图中 E_0 和 F_0 分别表示未加入被测物时空白样品的信号强度，E_1 和 F_1 表示加入被测物后样品的信号强度。血糖仪检测结果中，赭曲霉毒素 A、玉米赤霉烯酮的信号变化量分别是 AFB1 的 20.5%和 9.8%；荧光检测结果中，前两者信号变化量分别是 AFB1 的 8.5%和 18.3%；两种传感器的检测信号相对变化量不大，说明两种传感器的特异性差别不大。

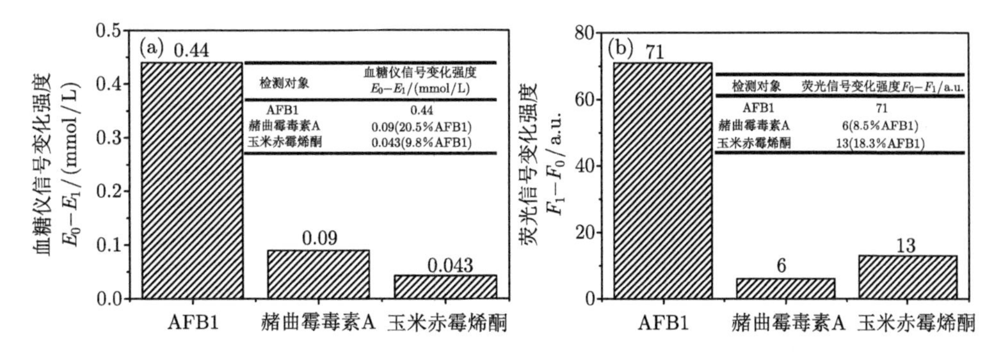

图 7.3.3 被测物为 2ng/mL 时，电化学和荧光适体传感器的特异性比较

(a) 电化学适体传感器的特异性；(b) 荧光适体传感器的特异性

7.4 本 章 小 结

通过比较两种基于夹心型结构的适体传感器检测性能，分析了不同检测方式下 AFB1 的检测灵敏度与特异性，结合实际应用可知利用血糖仪的电化学检测方法，测量范围较大且仪器便于携带，适合与标准溶液结合在实际环境下进行粗测；利用夹心型结构构件的荧光适体传感器可实现 AFB1 的高灵敏检测，但检测范围较窄，且检测设备昂贵，不便于携带，更适合取样后在实验室进行精确分析。本研究为夹心型适体传感器的实际应用奠定了基础，也为食品安全中 AFB1 的高灵敏检测提供了方法。

参 考 文 献

[1] Ma X Y, Wang W F, Chen X J, et al. Selection, identification, and application of Aflatoxin B1 aptamer[J]. European Food Research and Technology, 2014, 238(6): 919-925.

[2] Ertekin O, Ozturk S, Ozturk Z Z. Label free QCM immunobiosensor for AFB1 detection using monoclonal IgA antibody as recognition element[J]. Sensors, 2016, 16(8): 1274.

[3] 陆艺, 向宇. 用于检测和定量宽范围分析物的个人葡萄糖计 [P]. CN 103025885 B, 2016.
[4] 任林娇, 张培, 齐汝宾, 等. 超声法制备碳量子点, 发光性能的影响因素分析 [J]. 光谱学与光谱分析, 2017, 37(11): 3354-3359.
[5] 林玉池, 曾周末. 现代传感技术与系统 [M]. 北京: 机械工业出版社, 2009.

第 8 章 基于金属增强荧光效应的生物传感器研究进展

生物传感器是一种将生物化学反应能转换成电信号的分析测试装置，包括识别元件 (酶、免疫物质、核酸适体等) 和信号转换器，作为典型的多学科交叉产物，融合了生命科学、分析化学、物理学和信息学等，其所具有的选择性高、分析速度快和仪器价格低廉等特点引起了科研者的极大关注 [1−3]。随着人民生活水平的提高和生化分析的不断发展，临床诊断、食品安全和环境保护等领域中对生物分子的高灵敏检测要求越来越高，构建更为灵敏、精确的生物传感器已成为生命分析科学研究领域中研究的重点和热点。荧光分析技术具有灵敏度高、精度高、检测速度快等优点，所以在生物分子检测中应用广泛 [4,5]。但实际环境中一些目标分子的浓度非常低 (如胰岛素、多巴胺、黄曲霉素等，浓度约为 ng/ml)，且背景噪声严重 (如血液中血红蛋白在 600nm 左右、水在 473nm 左右有荧光发射峰 [6])。为了减弱背景噪声影响，提高荧光传感器对被测物的分辨力和灵敏度，贵金属表面等离子体增强效应被引入到荧光传感器中来实现荧光信号的放大。

8.1 贵金属表面等离子体增强荧光效应

1957 年，著名物理学家 Ritchie 提出了表面等离子体激元的概念，即在外加电磁场的作用下，金属本身的电子与光子相互作用会形成电磁振荡 [7]。1959 年，科学家 Powell 通过实验证实了这一概念 [8]。贵金属表面等离子体增强荧光效应 [9,10] 简称金属增强荧光 (metal enhanced fluorescence, MEF) 现象，是指分布于金属表面、岛状粒子或溶胶粒子附近荧光团的荧光发射强度较之自由态荧光发射强度大大增加的现象 [11]。美国马里兰大学教授 Lakowicz[12] 研究认为，金属诱导荧光增强或者猝灭与金属纳米结构和荧光基团之间的距离密切相关。当金属结构与荧光基团之间的距离在 5~100nm 时，金属表面等离子体共振使得荧光材料的本征辐射衰减率增加，荧光强度增强。

近来，随着各种纳米材料的应用与表面等离子体技术的发展，越来越多的研究者利用金属增强荧光效应来提高荧光基团的荧光转换效率 [13]，用于生物小分子检测 [14,15]、生物成像 [16,17]、有机光电器件 [18] 等诸多研究领域。利用金属表面等离子体共振效应增强荧光基团荧光强度，可提高荧光传感器检测灵敏度，对生物分子的痕量检测意义重大。根据金属结构的不同，金属表面增强荧光效应可分为表面增强荧光效应与局域表面增强荧光效应两种，如图 8.1.1，下面分别围绕这两种荧光增强效应介绍生物传感器中金属表面增强效应的研究进展。

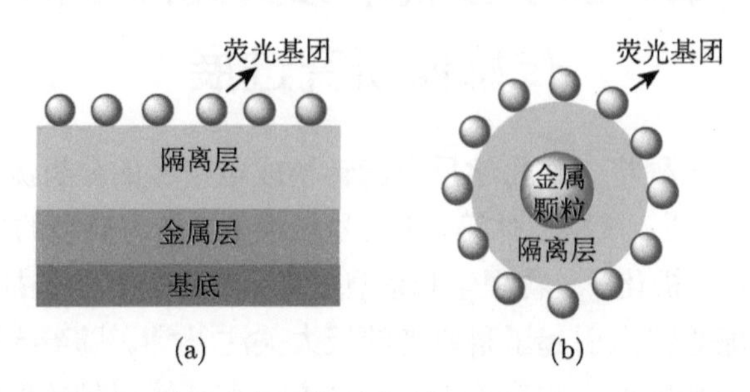

图 8.1.1 (a) 表面 (二维金属结构) 增强荧光的结构图和 (b) 局域表面 (金属粒子) 增强荧光的结构图

8.2 基于表面增强荧光效应的生物传感器研究

8.2.1 表面增强荧光效应

金属表面增强荧光的研究始于固体金属膜表面分子荧光光谱的研究，大部分金属增强荧光的应用都是基于二维金属表面进行的，被称为表面增强荧光效应。金属层可通过多种制备方法在玻璃、石英或塑料表面得到，改变金属层的表面粗造度 [19] 或调节金属表面与荧光基团之间的距离 [20]，可控制金属表面增强荧光的倍数。Ito 等 [21] 小组利用金薄膜增强 CdSe/ZnS 纳米颗粒荧光强度，研究发现粗糙的金薄膜使 CdSe/ZnS 纳米颗粒荧光增强，而光滑的金薄膜由于不能将能量散射出去，反而会导致荧光减弱。澳大利亚 Klantsataya 等 [19] 研究发现，银薄膜表面粗糙度为 8nm 左右时，其表面荧光染料分子的发射光强可增大 47 倍；日本 Usukura 等 [20] 在二维银纳米层与量子点之间添加 20nm 的二氧化硅隔离层，利用银的表面等离子体共振效应可使量子点荧光强度增加 4 倍。还有许多针对不同荧光基团的表面增强荧光效应研究，如 CdZnSe[22]、CdSe[23] 等。

8.2.2 基于表面增强荧光效应的生物传感器

利用金属纳米结构增强荧光基团发光效率，提高荧光传感器信号强度，可增加传感器的灵敏度，降低检出限，对小分子靶目标的痕量检测意义重大。日本 Toma 等 [15] 在金薄膜与荧光基团之间添加聚多巴胺 (PDA) 层，通过调节聚多巴胺层的厚度大幅提高荧光基团的发光效率，使白细胞介素的超灵敏检测成为可能，其检出限可达 2pg/mL。法国 Touahir 等 [24] 在金纳米薄膜表面覆盖不定形硅碳合金层，将 DNA1 聚合物修饰在硅碳合金表面，将荧光素修饰在 DNA2 聚合物上，通过 DNA 分子杂交反应，可对 DNA 聚合物进行快速检测；利用金纳米薄膜的表面增强荧光现象，可增大荧光素的发光强度，实现 DNA 聚合物的超灵敏检测，检测浓度最低可达 5fmol/L。也有研究者研究了金属阵列 [25] 结构对荧光基团的增强效应。

以上金属表面增强应用研究中，金属都是以二维结构存在的，如图 8.1.1(a)。其制备过程较为复杂 [26,27]，涉及的设备造价高昂，不易推广应用。相比于二维金属结构，金属纳米粒子的局域表面等离子体增强结构可在溶液中反应进行，省去了制备金属薄膜或阵列的过程，制备方法简单，成本较低，应用前景广阔 [21]。且该方法可实现更高强度的荧光增强，这是由于电偶极的局域表面等离子体模式能够高效地与自由传播光场耦合，即通常所提的光学纳米天线，可作为波长尺度的光子与纳米尺度的物质高效相互作用的桥梁 [9]。

8.3 基于局域表面增强荧光效应的生物传感器研究

8.3.1 局域表面增强荧光效应

贵金属纳米颗粒表面的自由电子在与入射光相互作用下会形成局部表面等离子共振现象 [28]。贵金属纳米颗粒的尺寸 (3~100 nm) 远小于入射光的波长 (400~900 nm)，粒子表面的自由电子会随着入射光的激发产生振荡，因为纳米粒子的尺寸很小，电子在纳米颗粒的表面区域无法传播，当入射光的频率与电子的振动频率重合时就会产生等离子体共振现象 [29]。局域表面等离子体共振增强荧光是一种跨空间的近程作用，即只有当荧光物质与纳米粒子表面存在一定距离时，才有可能产生增强荧光。而当金属纳米粒子与荧光物质接触时，激发态的荧光物质会以非辐射的形式将能量传递给纳米粒子并回到基态，表现为对荧光发射的猝灭效应。故利用金属纳米粒子进行荧光增强时，需要在金属纳米粒子和荧光基团间引入隔离层，如图 8.1.1(b)。下面根据隔离层材料的不同类型，对基于局域表面等离子共振实现荧光增强的生物传感器研究现状进行分析。

8.3.2 基于局域表面增强荧光效应的生物传感器

8.3.2.1 隔离层为无机材料

常见的无机隔离层材料主要为硅材料，如 SiO_2[30]、纳米多孔二氧化硅 [14]、不定型硅 [24] 等。陕西师范大学 Zhang 等 [30] 在 Au-Ag 合金纳米颗粒外包裹 SiO_2

隔离金属与罗丹明 6G，从 2nm 到 35nm 调整 SiO_2 厚度发现，SiO_2 厚度为 8nm 时，金属颗粒对罗丹明 6G 有增强荧光的效应。Yuan 等 [16] 制备了不同厚度 SiO_2 壳的 $NaYF_4$:Yb,Er@ SiO_2@Ag 荧光材料，研究了不同尺寸的 Ag 纳米颗粒与荧光材料之间的距离对荧光光强度的影响，结果发现，当 SiO_2 层厚度为 10nm 时，15nm Ag 纳米颗粒复合的荧光材料荧光强度增强了 14.4 倍，30nm 的 Ag 纳米颗粒荧光增强了 10.8 倍。南京大学 Zhang 等在银纳米颗粒表面包覆 SiO_2，然后将 Ag@SiO_2 纳米结构分别与 CdS 量子点 [31] 和碳量子点 [32] 连接，基于局域表面等离子体共振效应，通过优化 SiO_2 层厚度和碳量子点浓度增强碳量子点荧光强度，可实现微量免疫分析。山东农业大学 Shiyun Ai 等 [14] 在金纳米颗粒外生长纳米多孔二氧化硅隔离荧光素，可使 ATP 的检测灵敏度达到 0.1nm 数量级。Qin 等构建核–壳结构 (Ag@SiO_2) 纳米颗粒用于 ATP 检测，检测限达到 14.2nmol/L[33]。还有研究者在 Au 纳米颗粒和金纳米簇 (AuNCs) 之间引入二氧化硅间隔壳，当 Au@SiO_2 纳米颗粒具有 12nm 的二氧化硅壳厚度时，观察到最大增强 3.72 倍 [34]。

硅基材料具有生物相容性较好、稳定性高、毒性较低、易于表面修饰等优点在生物检测中应用广泛，但硅基材料本身并不具有选择性，无法识别被测物。故采用 Si 或 SiO_2 作为隔离层制备荧光增强传感器时，为了使传感器具有选择性，需要在 SiO_2 层表面耦合具有选择性的其他分子，如核酸适体 [35]、DNA 片段 [28] 等。青岛科技大学生态化工教育部重点实验室 Wang 等 [35] 在 Ag@SiO_2 纳米颗粒外耦合凝血酶 DNA 适体，将带有 Cy5 荧光标记的 DNA 互补链与适体结合，此时 Cy5 的荧光由于局域表面等离子体共振效应得到增强；加入凝血酶和氧化石墨烯后，凝血酶与适体竞争结合，带有 Cy5 荧光标记的 DNA 互补链从适体上脱离后与氧化石墨烯结合，Cy5 的荧光强度从增强转为猝灭，凝血酶的检出限可达 0.05nmol/L。同理将 Ag@SiO_2 纳米颗粒外加 DNA 片段，通过与 Cy5 荧光标记的 DNA 的杂化反应，可对金属离子或小分子化合物进行高灵敏检测 [36]。陕西师范大学 Lu 等 [37] 在 Ag@SiO_2 纳米颗粒外修饰 DNA 片段，通过与荧光标记的 DNA 片段进行杂交反应，可实现对 ATP 的检测，检出限 8μmol/L。

8.3.2.2 隔离层为有机材料

有机隔离层材料主要有两种，一种是聚酰胺–胺型树枝状高分子 (PAMAM)，一种是 DNA 分子。Zong 等 [38] 通过 PAMAM 分子控制纳米金与碳量子点之间的距离，调节 PAMAM 分子结构，可使碳量子点荧光强度增强 62 倍。但 PAMAM 制备过程复杂，难以实现精确控制，不利于实际应用。

DNA 是生命遗传信息的载体，不仅具有极高的生物相容性，还可以借自身的空间结构与其他类型的分子相互作用，在分子功能和材料控制合成上独具特色。近年来，随着现代生物工程技术的日臻完善和 DNA 技术的发展，利用 DNA 自组装技术 [39] 和双链 DNA 杂交反应 [40] 控制金属纳米颗粒与荧光基团之间荧光增强效应的研究越来越多。2004 年，Lakowicz 等 [41] 将 Ag 纳米颗粒沉积在玻璃衬底上提供局域表面等离体，将 DNA 分子通过静电力作用与 Ag 纳米颗粒结合，Cy3-DNA 和 Cy5-DNA 在 Ag 纳米颗粒的作用下，荧光强度增强了 5 倍。2010 年 J.R.Lakowicz[42] 等将单个荧光分子团标记的双链 DNA (Cy5-dsDNA) 与金纳米棒耦合，证明了单个金纳米棒的荧光增强作用。2012 年 Busson[43] 和 Acuna[44] 等人通过自组装 DNA 分子精确控制荧光分子与金属表面的距离，实现了 2 个量级以上的荧光增强。此后越来越多的研究者利用双链 DNA 作为隔离层控制金属纳米颗粒的局域表面增强荧光效应，从而实现超灵敏的生物分子检测 [45,46]。Chu 等 [46] 基于局域表面等离子增强效应，利用银纳米颗粒与 ZnO 量子点构建超灵敏 DNA 传感器，检出限可达 4.3×10^{-20}mol/L。美国 Dragan 等 [47,48] 将双链 DNA 作为隔离层，通过调节双链 DNA 中碱基对的数量改变隔离层厚度 (19 个碱基对约为 6nm)，实现荧光增强的 DNA 序列超快检测。华中科技大学 Jie Yang 等 [37] 基于表面等离子体增强荧光效应，利用金纳米颗粒与量子点构建超灵敏 DNA 传感器，检出限可达 50mol/L。香港 Ji 等 [49] 利用双链 DNA 控制银纳米颗粒表面增强荧光效应，实现了 0.01pmol/L 的 DNA 聚合物检测。

相比硅基材料，双链 DNA 生物相容性更强，可作为隔离层控制金属纳米颗粒与荧光基团之间的距离，增强荧光基团的发光强度，实现生物分子的高灵敏检测。但因为一般的 DNA 聚合物只对与其互补的 DNA 碱基对有选择性，故利用双链 DNA 作为隔离层的金属增强荧光效应大多只能用来检测 DNA 序列，应用范围窄。若要采用双链 DNA 作为隔离层对除 DNA 聚合物之外的生物分子进行高灵敏检测，则需要在已构建的荧光增强传感器结构中添加具有选择性的分子识别基团。中国药科大学 Wei 等 [50] 为了对免疫球蛋白 (IgE) 进行高灵敏检测，在利用双链 DNA 控制 Cy5 荧光基团与纳米银颗粒之间的距离实现荧光增强的同时，还构建了核酸适体-IgE-抗体的夹心型结构用于提高传感器的选择性，当双链 DNA 与 Cy5 之间的距离为 8nm 左右时，荧光增强效果最明显，此时检测免疫球蛋白浓度的检出限可达 1ng/mL。

综上所述，金属表面增强荧光效应研究中，相比二维金属结构，利用金属纳米粒子局域等离子体增强荧光的结构省去了制备金属薄膜或阵列的过程，制备方法简单，成本较低，在生物分子检测方面具有更广阔的应用前景。而利用金属纳米粒子进行荧光增强时，为避免荧光基团以非辐射的形式将能量传递给金属纳米粒子，产生荧光猝灭现象，需要在金属纳米粒子和荧光基团间引入隔离层。常见的隔离层材料有硅基类、有机大分子、DNA 分子等，其中，硅基类材料本身不具有选择性，需要各种修饰后才能进行传感检测，有机大分子 (如 PAMAM) 制备过程较为复杂；DNA 分子虽然生物相容性极高，但一般双链 DNA 只针对 DNA 序列有选择性，无法对 DNA 聚合物以外的生物分子进行浓度检测。

核酸适体是指经体外筛选技术 SELEX(指数富集配体系统进化) 筛选出的能特异结合蛋白质或其他小分子物质的寡聚核苷酸片段 (RNA 或 DNA)[51]，其本质仍是 DNA 序列，根据以上研究可知 DNA 分子是可以作为隔离层使用的。课题组利用 ployAn-aptamer 作为隔离层，构建了基于局域表面增强荧光效应的适体传感器，不仅可通过调节碱基数量控制金属纳米颗粒的局域表面等离子体增强荧光效应，提高传感器的灵敏度；还可直接利用核酸适体对靶目标的强亲和力和高选择性，提高传感器的选择性，减少了另外添加选择性分子识别基团的步骤，方法更为简单。由于核酸适体易合成、易标记、性质稳定、没有免疫源性和毒性，且目前已经具有成熟筛选技术的核酸适体种类高达 2000 多种，可对大部分生物小分子进行识别 [52]。故若能使用核酸适体为隔离层，构建基于金属纳米粒子局域表面等离子体增强荧光效应的新型荧光适体传感器，则可实现多种生物小分子的低成本、高灵敏检测。

8.4　结论与展望

贵金属纳米材料具有独特的金属增强荧光效应，可以有效地改善荧光基团的光学特性，是放大荧光信号的有效方式，在生物检测方面有着重要的理论意义和实际的应用价值。根据金属结构的不同，金属表面增强荧光效应可分为表面增强荧光效应与局域表面增强荧光效应两种，其中表面增强荧光效应一般基于二维金属结构，制备过程较为复杂；局域表面增强荧光效应一般基于金属纳米颗粒，需要引入隔离层材料防止荧光猝灭现象。常见的隔离层材料有硅基类和 DNA 分子，其中，硅基类材料的优点是性能稳定，缺点是本身不具有选择性，需要各种修饰后才能进行传感检测；DNA 分子虽然生物相容性极高，但一般双链 DNA 只针对 DNA 序列有选择性，无法对 DNA 聚合物以外的生物分子进行浓度检测。

课题组设计了一种利用 ployAn-aptamer 作为隔离层的高灵敏荧光增强适体传感器，可实现被测物的超低浓度检测，该方法兼具核酸适体的高选择性和金属增强荧光效应的高灵敏性，是极具研究潜力的一种高灵敏检测方法。但 DNA 分子在溶液中的构相是千变万化的，很难仅通过单个 DNA 链实现刚性的距离控制，故以后的研究中需要将金属增强荧光效应与 DNA 自组装技术相结合，形成稳定不变的金属增强荧光纳米结构以保证荧光信号的稳定性。

参 考 文 献

[1] Kim Y S, Raston N H, Gu M B. Aptamer-based nanobiosensors[J]. Biosensors & Bioelectronics, 2016, 76: 2-19.

[2] Jayanthi V S P K S, Das A B, Saxena U. Recent advances in biosensor development for the detection of cancer biomarkers[J]. Biosensors & Bioelectronics, 2017, 91: 15-23.

[3] Nabaei V, Chandrawati R, Heidari H. Magnetic biosensors: modelling and simulation[J]. Biosensors & Bioelectronics, 2018, 103: 69-86.

[4] Wang H X, Yang Z, Liu G, et al. Facile preparation of bright-fluorescent soft materials from small organic molecules[J]. Chemistry-A European Journal, 2016, 22(24): 8096-8104.

[5] Linkov P, Krivenkov V, Nabiev I, et al. High quantum yield CdSe/ZnS/CdS/ZnS multishell quantum dots for biosensing and optoelectronic applications[J]. Materials Today: Proceedings, 2016, 3(2): 104-108.

[6] 王静静, 吴莹, 刘莹, 等. 银纳米颗粒对胆固醇荧光的增强效用研究 [J]. 光谱学与光谱分析, 2016, 36(1): 140-145.

[7] Ritchie R H, Plasma losses by fast electrons in thin films[J]. Physical Review, 1957, 106(5): 874-881.

[8] Powell C J. The origin of the characteristic electron energy losses in aluminium and magnesium[J]. Physical Review, 1959, 115(4): 869-875.

[9] 吕国伟, 沈红明, 程宇清, 等. 局域表面等离激元增强荧光研究进展 [J]. 科学通报, 2015, 60(33): 3169-3179.

[10] Jain P K, Kyeong S L, Ivanh E, et al. Calculated absorption and scattering properties of gold nanoparticles of different size, shape, and composition: applications in biological imaging and biomedicine[J]. Journal of Physical Chemistry B, 2006, 110(14): 7238.

[11] Chen Y, Munechika K, Ginger D S, et al. Dependence of fluorescence intensity on the spectral overlap between fluorophores and plasmon resonant single silver nanoparticles[J]. Nano Letters, 2007, 7(3): 690-692.

[12] Lakowicz J R. Plasmon-controlled fluorescence: a new paradigm in fluorescence spectroscopy[J]. Analyst, 1999, 133: 1308-1346.

[13] Fang P, Lu X, Liu H, et al. Applications of shell-isolated nanoparticles in surface-enhanced Raman spectroscopy and fluorescence[J]. Trends in Analytical Chemistry, 2015, 66: 103-117.

[14] Li X, Wang Y, Luo J, et al. Sensitive detection of adenosine triphosphate by exonuclease III-assisted cyclic amplification coupled with surface plasmon resonance enhanced

fluorescence based on nanopore[J]. Sensors and Actuators B: Chemical, 2016, 228: 509-514.

[15] Toma M, Tawa K, Polydopamine thin films as protein linker layer for sensitive detection of interleukin-6 by surface plasmon enhanced fluorescence spectroscopy[J]. ACS Appl. Mater. Interfaces, 2016, 8(24): 22032-22038.

[16] Yuan P, Lee Y H, Gnanasammandhan M K, et al. Plasmon enhanced upconversion luminescence of $NaYF_4$: Yb,Er@SiO_2@Ag core-shell nanocomposites for cell imaging[J]. Nanoscale, 2012, 4(16): 5132-5137.

[17] Tian R, Yan D, Li C, et al. Surface-confined fluorescence enhancement of Au nanoclusters anchoring to a two-dimensional ultrathin nanosheet toward bioimaging[J]. Nanoscale, 2016, 8(18): 9815-9821.

[18] 吴小龑, 刘琳琳, 解增旗, 等. 金属纳米粒子增强有机光电器件性能研究进展 [J]. 高等学校化学学报, 2016, 37(3): 409-425.

[19] Klantsataya E, Francois A, Eberdorff-Heidepriem H, et al. Effect of surface roughness on metal enhanced fluorescence in planar substrates and optical fibers[J]. Optical Materials Express, 2016, 6(6): 2128-2138.

[20] Usukura E, Shinohara S, Okamoto K, et al. Highly confined, enhanced surface fluorescence imaging with two-dimensional silver nanoparticle sheets[J]. Applied Physics Letters, 2014, 104(12): 121906.

[21] Ito Y, Matsuda K, Kanemitsu Y. Mechanism of photoluminescence enhancement in single semiconductor nanocrystals on metal surfaces[J]. Physical Review B, 2007, 75(3): 033309.

[22] Cameron P J, Zhong X H, Knoll W. Electrochemically controlled surface plasmon enhanced fluorescence response of surface immobilized CdZnSe quantum dots[J]. The Journal of Physical Chemistry. C, 2009, 113(15): 6003-6008.

[23] Liu G L, Jaeyoun K, YuL, et al. Fluorescence enhancement of quantum dots enclosed in Au nanopockets with subwavelength aperture[J]. Applied Physics Letters, 2006, 89(24): 241118-241120.

[24] Touahir L, Elisabeth G, Rabah B, et al. Localized surface plasmon-enhanced fluorescence spectroscopy for highly-sensitive real-time detection of DNA hybridization[J]. Biosensors and Bioelectronics, 2010, 25: 2579-2585.

[25] Li H, Wang M, Qiang W, et al. Metal-enhanced fluorescent detection for protein microarrays based on a silver plasmonic substrate[J]. The Analyst, 2014, 139(7): 1653-1660.

[26] Szmacinski H, Badugu R, Lakowicz J R. Fabrication and characterization of planar plasmonic substrates with high fluorescence enhancement[J]. Current Cardiology Reviews, 2010, 114(49): 21142-21149.

[27] Ju J, Euihyeon B, Han Y A, et al. Fabrication of a substrate for Ag-nanorod metal-

enhanced fluorescence using the oblique angle deposition process[J]. Micro and Nano Letters, 2013, 8(7): 370-373.

[28] Singh M P, Strouse G F. Involvement of the LSPR spectral overlap for energy transfer between a dye and Au nanoparticle[J]. Journal of the American Chemical Society, 2010, 132(27): 9383-9391.

[29] Long Y T, Jing C. Localized Surface Plasmon Resonance Based Nanobiosensors[M]. Heidelberg: Springer, 2014.

[30] Zhang C, Han Q, Li C, et al. Metal-enhanced fluorescence of single shell-isolated alloy metal nanoparticle[J]. Applied Optics, 2016, 55(32): 9131-9136.

[31] Zhang X, Kong X, Lv Z, et al. Bifunctional quantum dot-decorated Ag@SiO_2 nanostructures for simultaneous immunoassays of surface-enhanced Raman scattering (SERS) and surface-enhanced fluorescence (SEF)[J]. Journal of Materials Chemistry B, 2013, 1(16): 2198-2204.

[32] Zhang X, Du X. Carbon nanodot-decorated Ag@SiO_2 nanoparticles for fluorescence and surface-enhanced Raman scattering immunoassays[J]. ACS Applied Materials & Interfaces, 2016, 8(1): 1033-1040.

[33] Xu J, Wei C. The aptamer DNA-templated fluorescence silver nanoclusters: ATP detection and preliminary mechanism investigation[J]. Biosensors & Bioelectronics, 2017, 87: 422-427.

[34] Song Q, Peng M, Wang L, et al. A fluorescent aptasensor for amplified label-free detection of adenosine triphosphate based on core–shell Ag@SiO_2 nanoparticles[J]. Biosensors & Bioelectronics, 2016, 77(3): 237-241.

[35] Sui N, Wang L, Xie F, et al. Ultrasensitive aptamer-based thrombin assay based on metal enhanced fluorescence resonance energy transfer[J]. Microchimica Acta, 2016, 183(5): 1563-1570.

[36] Sui N, Wang L, Yan T, et al. Selective and sensitive biosensors based on metal-enhanced fluorescence[J]. Sensors and Actuators. B, 2014, 202: 1148-1153.

[37] Lu L, Qian Y, Wang L, et al. Metal-enhanced fluorescence-based core-shell Ag@SiO_2 nanoflares for affinity biosensing via target-induced structure switching of aptamer[J]. ACS Applied Materials and Interfaces, 2014, 6(3): 1944-1950.

[38] Zong J, Yang X, Trinchi A, et al. Photoluminescence enhancement of carbon dots by gold nanoparticles conjugated via PAMAM dendrimers[J]. Nanoscale, 2013, 5(22): 11200-11206.

[39] Zhang T, Gao N, Li S, et al. Single-particle spectroscopic study on fluorescence enhancement by plasmon coupled gold nanorod dimers assembled on DNA origami[J]. The Journal of Physical Chemistry Letters, 2015, 6(11): 2043-2049.

[40] Gu X F, Wu Y S, Zhang L Z, et al. Hybrid magnetic nanoparticle/nanogold clusters and their distance-dependent metal-enhanced fluorescence effect via DNA hybridization[J].

Nanoscale, 2014, 6(15): 8681-8693.

[41] Lakowicz J R, Geddes C D, Gryczynski I, et al. Advances in surface-enhanced fluorescence[J]. Journal of Fluorescence, 2004, 14(4): 425-441.

[42] Fu Y, Zhang J, Lakowicz J R. Plasmon-enhanced fluorescence from Single fluorophores end-linked to gold nanorods[J]. Journal of the American Chemical Society, 2010, 132(16): 5540-5541.

[43] Busson M P, Rolly B, Stout B, et al. Accelerated single photon emission from dye molecule-driven nanoantennas assembled on DNA[J]. Nature Communications, 2012, 3(1): 962.

[44] Acuna G P, Möller F M, Holzmeister P, et al. Fluorescence enhancement at docking sites of DNA-directed self-assembled nanoantennas[J]. Science, 2012, 338(6106): 506-510.

[45] Brouard D, Ratelle O, Bracamonte A G, et al. Direct molecular detection of SRY gene from unamplified genomic DNA by metal-enhanced fluorescence and FRET[J]. Analytical Methods, 2013, 5(24): 6896-6899.

[46] Chu C, Shen L, Ge S, et al. Using "dioscorea batatas bean"-like silver nanoparticles based localized surface plasmon resonance to enhance the fluorescent signal of zinc oxide quantum dots in a DNA sensor[J]. Biosensors and Bioelectronics, 2014, 61: 344-350.

[47] Dragan A I, Bishop E S, Casas-Finet J R, et al. Distance dependence of metal-enhanced fluorescence[J]. Plasmonics, 2012, 7(4): 739-744.

[48] Dragan A, Pavlovic R, Geddes C D. Rapid catch and signal (RCS) technology platform: multiplexed three-color, 30s microwave-accelerated metal-enhanced fluorescence DNA assays[J]. Plasmonics, 2014, 9(6): 1501-1510.

[49] Ji X, Xiao C, Lau W F, et al. Metal enhanced fluorescence improved protein and DNA detection by zigzag Ag nanorod arrays[J]. Biosensors and Bioelectronics, 2016, 82: 240-247.

[50] Wei X, Li H, Li Z, et al. Metal-enhanced fluorescent probes based on silver nanoparticles and its application in IgE detection[J]. Analytical and Bioanalytical Chemistry, 2012, 402(3): 1057-1063.

[51] Kim Y S, Gu M B. Advances in aptamer screening and small molecule aptasensors[J]. Biosensors Based on Aptamers and Enzymes, 2014, 140: 29-67.

[52] Lu Y, Li X C, Zhang L M. Aptamer-based electrochemical sensors with aptamer-complementary DNA oligonucleotides as probe[J]. Analytical Chemistry, 2008, 80(6): 1883-1890.

[53] 任林娇, 姜利英, 张培, 等. 一种荧光增强型适体传感器及其制备方法和应用: CN 108872173 A[P]. 2018-11-23.

第 9 章　基于二氧化硅壳的荧光增强型适体传感器研究

人类大脑包括数十亿个神经元和多种感官信息传递机制，通过神经元群体密切协调活动控制人或动物的思维和行为。当神经细胞产生功能障碍时，神经递质将会失调，神经异常放电，引起神经性疾病的发生。多巴胺是中枢神经系统中一种重要的神经递质，其在中枢神经系统、内分泌系统和心血管系统中发挥着重要作用，很多疾病都与多巴胺的分泌不足或缺少有关，如神经性食欲缺乏症、阿尔茨海默病和帕金森病等。在临床实践中，检测大脑中神经递质的微小变化对获取神经信息，预防和诊断神经性疾病有重要意义。但是多巴胺的化学性质不稳定，在空气环境中易被氧化，因此在实际检测中，一般使用盐酸多巴胺 (dopamine hydrochloride)[1,2] 代替人体内的多巴胺。研究者利用多巴胺的多种属性 (生物学、物理学、化学和光学等)，结合不同的分析方法 (光谱分析法、质朴分析法、色谱分析法和免疫分析法等) 对多巴胺的检测方法进行研究。

荧光适体传感器中，核酸适体能与特定靶目标进行高特异性和强亲和力结合，功能与抗体相似，并且凭借其较抗体更易合成、易修饰、易保存和高稳定性的特点，再结合荧光光谱法，被越来越多地用来制备核酸适体传感器 [3−6]。但实际情况是多巴胺在人体内含量很微小，多巴胺荧光适体传感器虽具有高性价比和操作简便的优势，但由于其灵敏度不足以检测人体中多巴胺真实浓度的缺点，所以提高多巴胺荧光适体传感器的灵敏度是十分有必要的。而金属增强荧光机制可有效地提高荧光适体传感器中荧光基团的发光强度，使荧光信号更加灵敏，从而满足对低浓度多巴胺检测的要求。

本章利用金属增强荧光中的局域表面等离子体共振增强荧光原理 (图 9.0.1)，其实质是一种跨空间的近程作用，即只有当荧光物质与纳米粒子表面存在一定距离时，才有可能产生增强荧光。而当金属纳米粒子与荧光物质接触时，激发态的荧光物质会以非辐射的形式将能量传递给纳米粒子并回到基态，表现为对荧光发射的猝灭效应。故利用金属纳米粒子进行荧光增强时，需要在金属纳米粒子和荧光基团间引入隔离层。SiO_2 具有生物相容性较好、毒性较低、易于表面修饰等优点，在生物检测中应用广泛。

因此本实验利用金属纳米粒子的局域表面等离子体共振增强荧光基团的发光强度，以二氧化硅为隔离层，调整修饰荧光基团的多巴胺核酸适体或互补链与纳米金粒子之间的距离，构建高灵敏荧光适体传感器，用于多巴胺检测，获取更精确的神经信息。

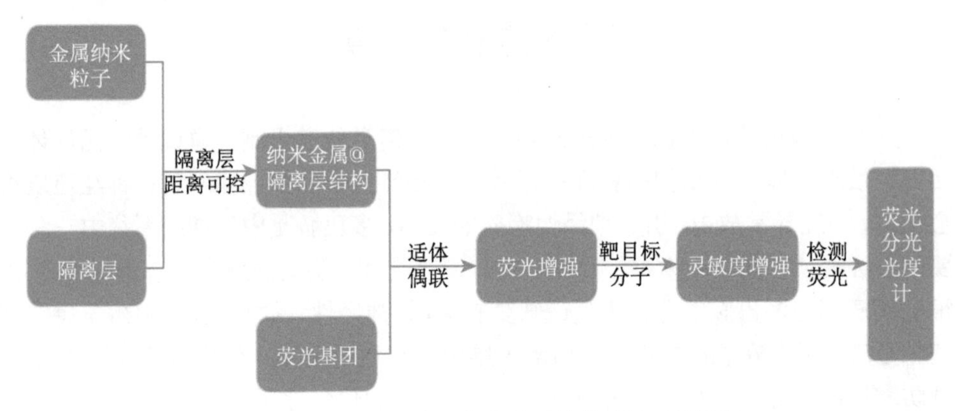

图 9.0.1　基于金属增强荧光的适体传感器工作原理

9.1　基 本 原 理

利用柠檬酸钠还原法制备尺寸约为 20nm 的纳米金颗粒，在含有一定量浓氨水的乙醇中逐滴加入不同体积 TEOS 使纳米金粒子周围生成厚度不一的 SiO_2 外壳。选择多巴胺适体，将激活的核酸适体与包裹 SiO_2 外壳的纳米金粒子偶联，制备纳米金粒子 (AuNPs) 与核酸适体的偶联体 AuNPs@SiO_2@aptamer；将 FAM 标记的核酸适体互补链 hDNA 离心激活，制备 hDNA@FAM 偶连体；将两种偶联体混合，利用核酸适体与其互补链中的碱基互补配对，制备 AuNPs@SiO_2@aptamer-hDNA@FAM 金属增强荧光的纳米结构，如图 9.1.1。改变 SiO_2 外壳厚度，使纳米金粒子局域表面等离子体达到共振模式，此时电偶极的局域表面等离子体能够高效地与自由传播光场耦合，即通常所提的光学纳米天线，耦合后的电磁场可作为波长尺度的光子与纳米尺度的物质间高效相互作用的桥梁。当荧光基团的发射光频率处于与之频率相同的电磁场时，荧光基团发射光与纳米金粒子周围电磁场处于共振模式，使得荧光基团的发光强度增大，标记在多巴胺核酸适体互补链上的荧光基团恰处于纳米金粒子频率共振位置，实现荧光增强。通过结合多巴胺核酸适体，构建荧光增强型传感器对多巴胺进行检测。加入被测物会有部分荧光基团解离出来，通过检测这种增强结构减少的荧光的量，可以判断被测物的多少。

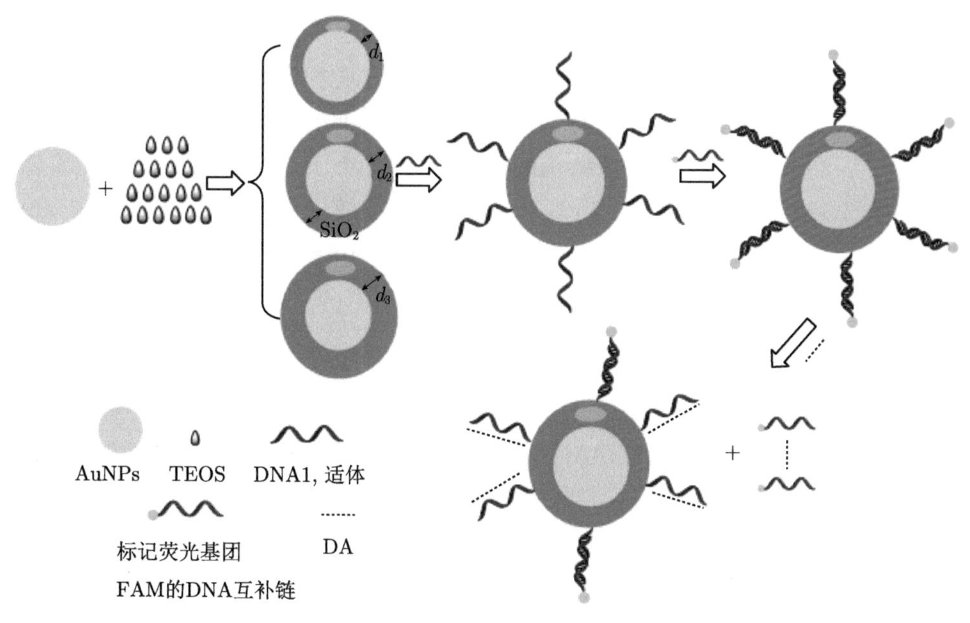

图 9.1.1 基于 AuNPs 和 SiO_2 壳的荧光增强型多巴胺检测传感器工作原理图

9.2 传感器制备方法

9.2.1 所需原料与仪器

仪器：F-7000 型荧光分光光度计 (购于日本日立) 用于检测被测物荧光强度；07HWS-2 磁力搅拌器 (购于中国杭州自动仪器有限公司) 用于物质充分溶解；Eppendorf 5418 型离心机 (购于德国汉堡) 用于溶液离心；TGL-16G 型离心机 (购于中国上海安亭科学仪器厂)；FE-20K pH-meter(购于瑞士 METTLER TOLEDO) 用于检测所有溶液的 pH。

试剂：多巴胺核酸适体 (DA 碱基序列为：5′-GTCTCTGTGTGCGCCAGAG-AACACTGGGGCAGATATGGGCCAGCACAGAATGAGGCCC-3′)，标记 FAM 的互补链 (hDNA@FAM)，TECP，PBS 和 Tris-HCl 购买于上海生工生物工程股份有限公司。HEPES，TEOS 和浓氨水购于阿拉丁工业有限公司。

9.2.2 Au@SiO_2@aptamer-hDNA@FAM 型传感器的制备

5mL 胶体金与 20mL 乙醇 (含 1.25mL 浓氨水) 混合，悬浮依次逐滴加入 0.4μL/0.7μL/1.5μL/2.5μL/4μL TEOS，在 25°C 的室温下反应 12h，再以 8000r/min 的转速离心 10min 去除上清液后溶于 5mL 乙醇中，此时生成 Au@SiO_2-NH_2(SiO_2 壳厚度依次为 3nm，5nm，11nm，18nm，26nm)。在上述

溶液中分别加入 0.2mg sulfo-SMCC，室温下反应 1h，并以 14000r/min 的转速离心 20min 获得 Au@SiO_2 纳米颗粒。之后去除上清液溶于 2mL HEPES 中，加入 5.5nmol/L 50μL 适体室温下反应一夜。再以 14000r/min 的转速离心 20min 离心获得 Au@SiO_2@aptamer 型结构的底物。用 2mL HEPES 缓冲液冲洗 2 次，将 Au@SiO_2@aptamer 溶于 2mL Tris-HCl 缓冲液中，加入 5.5nmol/L 50μL hDNA@FAM 室温下孵化 2h。将所得 Au@SiO_2@aptamer-hDNA@FAM 溶液冲洗几次后溶于 2mL Tris-HCl 备用。

9.2.3 多巴胺的检测方法

通过上述实验步骤制备 Au@SiO_2@aptamer-hDNA@FAM 型传感器，检测 Au@SiO_2@aptamer-hDNA@FAM 型传感器的荧光强度，并与 hDNA@FAM 的荧光强度做对比。传感器的荧光强度与纳米金浓度和 SiO_2 厚度有关，符合原理中关于纳米粒子数量和电磁场空间位置影响荧光基团发光强度的解释。选定使得传感器荧光强度达到最大的纳米金浓度和 SiO_2 厚度。以此作为检测靶目标多巴胺的传感器，加入不同浓度的多巴胺 (10~100nmol/L) 反应后离心取底物加 PBS 稀释，并取 400μL 稀释后的溶液放入荧光分光光度计中检测其荧光强度。

9.3 基于二氧化硅壳的荧光增强型适体传感器的检测性能研究

9.3.1 传感器制备过程的参数优化

9.3.1.1 纳米金浓度优化

由于纳米金也可用作猝灭剂，对荧光基团的发光强度产生抑制作用。所以纳米金在定量溶液中数量越多，荧光基团 FAM 相对于纳米金的距离更近，溶液中的荧光基团 FAM 的荧光强度更容易被抑制。所以控制定量溶液中纳米金的数量，即调整纳米金与核酸适体的体积比来实现对纳米金数量的控制，使其猝灭效果降到最低。如图 9.3.1 所示，SiO_2 壳厚度固定在 11nm，改变纳米金的体积 (200μL，500μL，800μL，1000μL，2000μL，5000μL)，不改变核酸适体的体积。依次检测所得各样品的荧光强度。得出当 $V_{\rm Au} = 1000\mu L$，$V_{\rm Au}$：$V_{\rm aptamer} = 5{:}1$ 时，Au@SiO_2@aptamer-hDNA@FAM 型传感器的荧光强度与原本荧光基团的荧光强度相比增强的最多，增强 1.3 倍。即此时纳米金粒子在溶液中的数量刚好实现荧光增强效果，而 $V_{\rm Au}$：$V_{\rm aptamer} < 5{:}1$ 时，纳米金粒子在溶液中的数量过少，未能起到荧光增强的作用。当 $V_{\rm Au}$：$V_{\rm aptamer} > 5{:}1$ 时，从图中可知，纳米金粒子在溶液中的数量过多，Au@SiO_2@aptamer-hDNA@FAM 型传感器的荧光强度比原本荧光基团的荧光强度明显降低，表明此时的纳米金粒子在溶液中起到的是猝灭剂的效果。

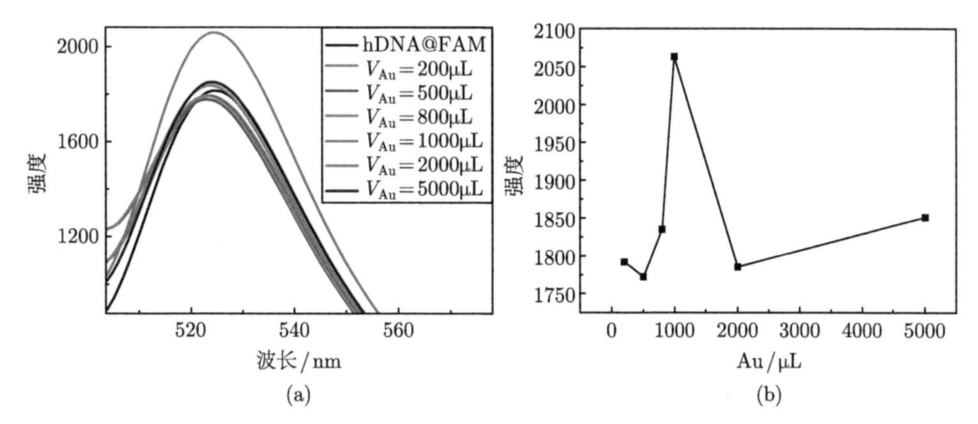

图 9.3.1 (a) 不同纳米金体积的 Au@SiO_2@aptamer-hDNA@FAM 型传感器的荧光光谱图和 (b) 不同纳米金体积的 Au@SiO_2@aptamer-hDNA@FAM 型传感器的荧光折线图

综上所述，在 SiO_2 厚度一定时，当纳米金溶液体积在 1000μL 时，制备所得的 Au@SiO_2@aptamer-hDNA@FAM 型传感器荧光强度增强效果最佳，荧光强度增强 1.3 倍。

9.3.1.2 SiO_2 壳厚度的优化

金属增强荧光是金属局域表面等离子体共振引起的增强荧光，其实质是一种跨空间的近程作用，即只有当荧光基团与纳米金粒子表面存在一定距离时，才有可能产生增强荧光。而当纳米金粒子与荧光基团接触时，激发态的荧光基团会以非辐射的形式将能量传递给纳米粒子并回到基态，表现为对荧光基团发射光的猝灭效应。故在本实验中通过调整 SiO_2 壳厚度改变纳米金粒子与荧光基团之间的距离。如图 9.3.2 所示，不同的 SiO_2 壳厚度所测得的 Au@SiO_2@aptamer-hDNA@FAM 型传感器的荧光强度不同，与理论相符。当 SiO_2 壳厚为 5nm 时，荧光基团 FAM 与纳米金粒子之间的距离为 SiO_2 壳厚度加上互补链的长度，Au@SiO_2@aptamer-hDNA@FAM 型传感器的荧光强度最高，如线条 c。此时 Au@SiO_2@aptamer-hDNA@FAM 型传感器的荧光强度相比原本荧光基团的荧光强度增强效果最大，发光强度增强 1.386 倍。当 SiO_2 壳厚度小于或大于 5nm 时，Au@SiO_2@aptamer-hDNA@FAM 型传感器的荧光效果因互补链 hDNA 的存在虽未表现为猝灭效应，但荧光增强效果都不如 SiO_2 壳厚为 5nm 时的发光强度。

综上从图中可以明显看出，线条 c 的荧光增强效果最明显，荧光强度增强 1.386 倍，此时 SiO_2 壳厚度为 5nm。

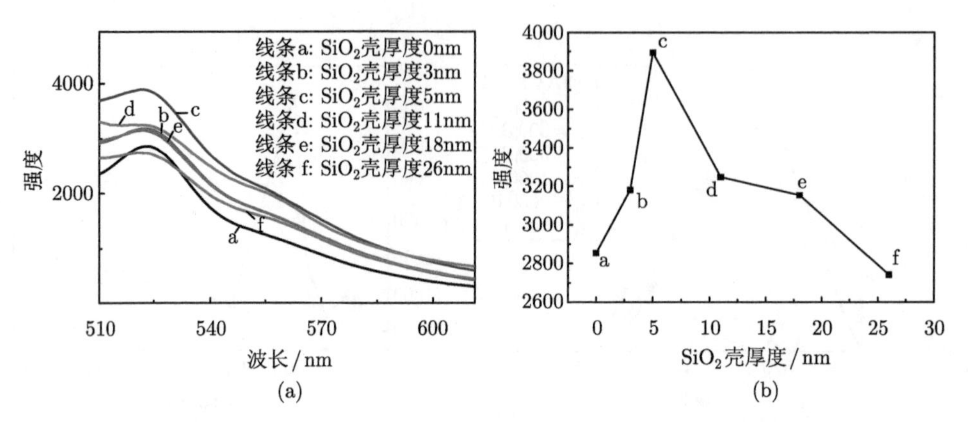

图 9.3.2 (a) 不同 SiO_2 壳厚度的 Au@SiO_2@aptamer-hDNA@FAM 型传感器的荧光光谱图和 (b) 不同 SiO_2 壳厚度的 Au@SiO_2@aptamer-hDNA@FAM 型传感器的荧光折线图

9.3.2 多巴胺的检测

在上述参数优化的条件下,检测不同浓度的多巴胺。如图 9.3.3(a) 所示,显示了 Au@SiO_2@aptamer-hDNA@FAM 型传感器检测不同浓度的多巴胺 (10nmol/L，30nmol/L，50nmol/L，70nmol/L，100nmol/L) 后，离心取其底物稀释测得的荧光强度的荧光光谱。加入多巴胺后，由于核酸适体与多巴胺的高特异性结合特性，会形成 Au@SiO_2@aptamer-DA 结构，将传感器中的荧光基团 hDNA@FAM 置换出来。在离心后，由于 hDNA@FAM 物质的量较小，大部分的 hDNA@FAM 存在于上清液中，底物中更多的是 Au@SiO_2@aptamer-DA 结构的物质。随着多巴胺浓度的升高，底物中 Au@SiO_2@aptamer-DA 结构的物质的数量增多，含有荧光基团的 hDNA@FAM 结构的物质减少，导致底物中的荧光强度下降，如图 9.3.3(b) 所示，随着多巴胺浓度的改变，检测结果与多巴胺浓度呈良好的线性关系，检测实验所得的结果与理论相吻合。图 9.3.3(b) 显示了不同浓度多巴胺与 Au@SiO_2@aptamer-hDNA@FAM 型传感器反应后底物荧光强度和多巴胺浓度的拟合曲线，拟合结果表明：多巴胺浓度在 10~100nmol/L 范围内时，不同浓度多巴胺与 Au@SiO_2@aptamer-hDNA@FAM 型传感器反应后底物的荧光强度呈良好的线性关系。其线性拟合方程为 $y = 4219.35246-3.44139x$(y 为 Au@SiO_2@aptamer-hDNA@FAM 型传感器反应后底物的荧光强度，x 为多巴胺浓度)。拟合系数为 -3.44139，其拟合的方差偏离为 $R^2 = 0.99805$，检出限为 10nmol/L。

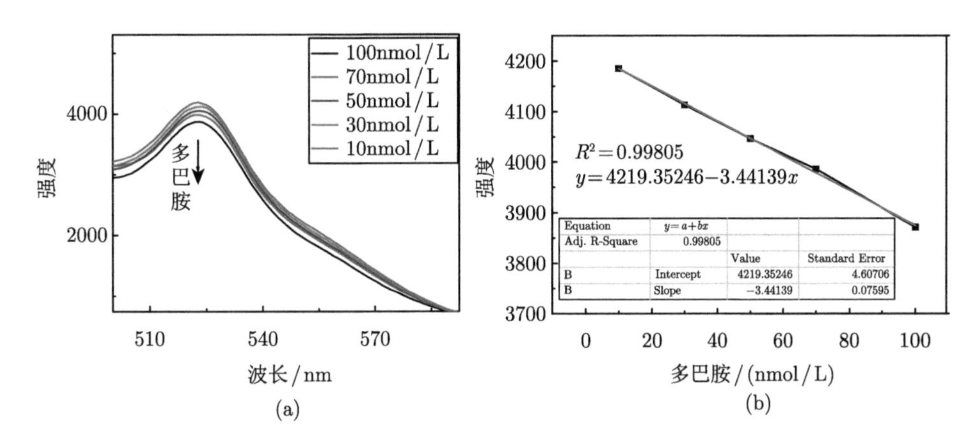

图 9.3.3 (a) $Au@SiO_2$@aptamer-hDNA@FAM 型传感器与不同浓度多巴胺反应后底物的荧光强度；(b) $Au@SiO_2$@aptamer-hDNA@FAM 型传感器检测不同浓度多巴胺后的拟合曲线

9.4 结论与展望

本章主要设计构建了一种新型的基于金属增强荧光的核酸适体传感器，并通过对多巴胺的检测对其性能进行研究。在纳米金粒子外包裹 SiO_2 作为隔离层，将多巴胺核酸适体以探针形式标记在 SiO_2 表面，再与标记了荧光基团 FAM 的互补链以碱基互补配对的原则相结合。通过调整 SiO_2 壳的厚度，改变纳米金与荧光基团 FAM 的距离。使 $Au@SiO_2$@aptamer-hDNA@FAM 型传感器荧光强度比 hDNA@FAM 的荧光强度增强 1.386 倍。并对不同浓度的多巴胺进行检测，测得多巴胺浓度与荧光基团 FAM 荧光强度变化的拟合线性关系为 $y = 4219.35246-3.44139x$，拟合的方差偏离为 $R^2 = 0.99805$，检出限为 10nmol/L。

设计利用 SiO_2 壳作为隔离层实现金属荧光增强来提高传感器灵敏度并对靶目标分子进行检测时发现，SiO_2 壳由于不具有生物选择性，需要再引入核酸适体来实现对靶目标的特异性选择。但在加入核酸适体后，如何能更好地稳定控制 SiO_2@aptamer 型结构的形成是一个难点。目前我们还未能稳定地形成 SiO_2@aptamer 型结构，课题组还需要对这一问题进行更深入的研究。DNA 链作为隔离层与 SiO_2 壳相比具有更好的生物相容性，与核酸适体相结合可直接作为隔离层和识别元件，可作为今后课题组设计荧光增强型适体传感器的重要方向。

参 考 文 献

[1] Xiao X D, Shi L, Guo L H, et al. Determination of dopamine hydrochloride by host-guest interaction based on water-soluble pillar arene[J]. Spectrochimica Acta Part A:

Molecular and Biomolecular Spectroscopy, 2017, 173: 6-12.

[2] Wang D L, Xu F, Hu J J, et al. Phytic acid/graphene oxide nanocomposites modified electrode for electrochemical sensing of dopamine[J]. Materials Science and Engineering: C, 2017, 71: 1086-1089.

[3] Zhang H, Zhang H L, Aldalbahi A, et al. Fluorescent biosensors enabled by graphene and graphene oxide[J]. Biosensors and Bioelectronics, 2017, 89(1): 96-106.

[4] Sabet F S, Hosseini M, Khabbaz H, et al. FRET-based aptamer biosensor for selective and sensitive detection of aflatoxin B1 in peanut and rice[J]. Food Chemistry, 2017, 220: 527-532.

[5] 于寒松, 隋佳辰, 代佳宇, 等. 核酸适配体技术在食品重金属检测中的应用研究进展 [J]. 食品科学, 2015, 36(15): 228-233.

[6] 高彩, 杭乐, 廖晓磊, 等. 基于石墨烯和蒽醌-2-磺酸钠的 Pb^{2+} 核酸适体电化学传感器 [J]. 分析化学, 2014, 42(6): 853-858.